LES MOIS AUX CHAMPS

PARIS. — IMPRIMERIE C. PARISET, 101, RUE DE RICHELIEU. — 1212

G. DE CHERVILLE

LES MOIS

AUX CHAMPS

PRÉFACE DE M. JULES CLARETIE

PARIS

Librairie du Temps

5, BOULEVARD DES ITALIENS, 5

1886

PRÉFACE

Les Mois aux Champs! Voilà, pour un Parisien, un titre à la fois attirant et ironique ! Entre tous les rêves que j'ai faits, — et qui ne se réaliseront jamais, — je me suis souvent laissé aller à souhaiter de passer une année entière à la campagne, de janvier à décembre, et de suivre, jour à jour, cette vie de la terre qui roule et tourne avec son impassibilité majestueuse et sa maternelle fécondité. Voir, après les jours noirs, le printemps poudrer à blanc les vergers, mai fleurir, juin éclater, les moissons jaunir, les vignes s'empourprer, les bois roussir, l'hiver étendre encore

son ombre, puis son manteau blanc sur les
choses, assister à cet éternel recommence-
ment du drame de l'année, c'était, c'est encore une tentation qui me hante. Le rêve
est réalisable, du reste. Mais comment,
mais quand le saisir? Les minutes de liberté
sont rares dans notre vie moderne, pulvéri-
sée comme de la farine. Que sont donc alors
les mois et les années?

Fort heureusement, il est des sages qui
mettent en pratique ce que nous souhaitons
et qui, voyageant pour nous aux pays chimériques, nous en apportent leurs impressions et nous donnent l'illusion même de
notre songe. Mon ami le marquis de Cherville est de ceux-là. Il a trouvé le moyen
d'être un des écrivains les plus lus d'un des
journaux les plus lus de Paris et de vivre aux
champs, — et d'y vivre heureux — en opti-
miste non satisfait ou en pessimiste attendri,
comme on voudra, en gentleman, en gentil-
homme et en artiste, voilà le certain.

Les causeries de Cherville m'ont toujours
produit l'effet de ces haltes saines qui, lors-

qu'on s'échappe du tourbillon de la vie cou-
tumière, marquent le souvenir de journées
heureuses. On a laissé le souci quotidien, la
préoccupation d'habitude, le bruit et la fièvre
et, par les bois, tout seul, un livre en poche
ou un fusil sur l'épaule, on s'est enfoncé au
hasard, tantôt pour chasser, tantôt pour hu-
mer le grand air tout simplement. Et c'est
comme un bain de calme qu'on prend alors.
La fraîcheur des feuillées donne au cerveau
l'impression heureuse d'une douche. Tout
vous plaît, vous amuse, accroche en passant votre attention : un fil de la Vierge, une
fourmilière, un insecte, un gramen. Ah!
qu'on est loin de Paris!

Est-ce qu'il y a des maisons, là-bas, une
foule, une cohue, des théâtres, des livres,
une mêlée humaine? On n'en sait rien. Mais
ce qu'on sait bien, c'est qu'il y a des bruyères
roses et des feuilles vertes et que, sans être
un pessimiste, les choses, les plantes, les
bêtes vous consolent des hommes.

Et de même la causerie de Cherville me
console toujours des polémiques, des per

sonnalités, des discussions éternelles. C'est, au journal le *Temps*, un coin réservé, une sorte d'enclos spécial où le gentleman — causeur, l'écrivain — *farmer* cultive ses fleurettes et nourrit ses perdrix. On retrouve, avec une satisfaction chaque fois nouvelle, ce titre qui invite à l'oubli de l'actualité décevante : *la Vie à la campagne*. Et l'on se repose, avec Cherville, de tous les tracas de la vie de Paris. C'est un compagnon si aimable! Et si cordial! et si sincère! Il prend son lecteur par la main, comme il prendrait un visiteur par le bras, et il l'emmène avec lui courir les champs, voir les semailles, examiner la qualité de la moisson, faire les vendanges ou l'*ouverture !*

En chemin, que de souvenirs évoqués, de traits, d'images, de tableaux, de philosophie sans prétention, tout en marchant, selon la méthode péripatéticienne! M. de Cherville est un naturaliste de l'école de Michelet et de Toussenel, un naturaliste « sentimental », comme dirait Tristram Shandy, et qui adore *nos frères inférieurs*, les animaux, et les fait aimer. Il les aime tant même qu'il les préférerait souvent à leurs *frères supérieurs*. Ne m'a-t-il pas, un jour, dans ce cher journal où j'avais l'honneur d'être son voisin, cherché querelle à propos de la vivisection, qui me semble utile? Ah! mon cher ami, quelle jolie page j'ai valu, ce soir-là, aux lecteurs du *Temps!*

Du reste, cet ami des bêtes est un chasseur émérite, et son fusil dément la sentimentalité de sa plume. Il a *la larme à l'œil* de Sterne, mais cet œil vise un perdreau comme un grenadier tyrolien le fait d'une cible. Cherville est un des derniers littérateurs qui aiment et chantent la chasse et un des derniers littérateurs qui la pratiquent comme il faut, pour l'amour d'elle, pour le plaisir qu'elle donne. Ennemi du *chic*, faisant de la chasse un art et non un sport, il est, comme le bon Dumas, son maître, un batteur de buissons et un conteur d'histoires. Une pipe, une carnassière, un bon chien, de la bonne humeur et de l'esprit! Quelles exquises causeries après les journées de battues!

Et Cherville cause, la plume à la main, comme il causerait au château, le soir, après avoir dégrafé ses guêtres. Il a, dans le style, l'alacrité et le naturel d'un honnête homme qui a beaucoup vu, beaucoup songé et qui dit tout ce qu'il a vu et tout ce qu'il pense. On l'aime pour cette simplicité cordiale, cette loyauté d'artiste et d'écrivain. Une page de lui est saine comme une promenade en pays salubre. Ce forestier, très parisien sous son air rural, est une des physionomies littéraires les plus attirantes, les plus originales d'un temps où les talents ne manquent point, mais où l'originalité ne court ni la ville ni la campagne. Et — voyez! — les articles de G. de Cherville sont si personnels et si remarquables qu'il a suffi de les coudre les uns aux autres pour en faire un livre, et un bon livre, le livre de l'année aux champs — le livre qui réalise mon rêve! Une année de solitude, à la campagne, par les bois, les prés, les chemins, les sillons — une année d'oubli, de repos, de santé, de liberté! Douze mois aux champs! Janvier au village, le renouveau à la cam-

pagne, l'automne là-bas, et Noël, la légende
de Noël, pour finir! C'est un rêve réalisé.
C'est le calendrier des braves gens. Merci,
Cherville!

                        Jules CLARETIE.

LES
MOIS AUX CHAMPS

JANVIER

I

Travaux

Janvier est un mois de soulagement et d'espérance. Le paysage, avec ses arbres réduits à leur ossature, ses prés roussis et les mornes perspectives des guérets dénudés, n'est pas moins lugubre qu'il ne l'était en décembre; cependant, nous le considérons d'un cœur plus affermi, depuis que nous avons conscience d'en avoir fini avec une odieuse progression de ténèbres. Nous avons reconquis la lumière :

à la Sainte-Luce, les jours croissent du saut d'une puce! dit un dicton villageois.

Il n'y a certainement pas de quoi se montrer trop fier; mais ces quelques minutes de surcroît de jour, nous savons qu'elles nous mènent au soleil resplendissant et vivifiant, à l'épanouissement de ce qui nous entoure, et cela suffit pour que nous traversions avec plus de sérénité le reste de l'épreuve.

Si fugitif que soit le rayon gagné en janvier par notre latitude, il suffit pour tirer la nature de son engourdissement; mais les symptômes du réveil ne se caractérisent pas encore. Cependant, vers le milieu du mois, la sève commencera à se mettre en mouvement; quelques bourgeons trop pressés descelleront l'enveloppe qui les sauvegarde. Les pousses de quelques plantes herbacées jettent des traits verdoyants sur les tons jaunâtres du sol; les tussilages fleurissent et parfument leurs alentours.

Quelques animaux accusent plus nettement encore le sentiment de ce qui s'apprête. Le lièvre a déjà entamé l'œuvre de multiplication. Le chant plus clair, plus accentué et plus alerte de certains oiseaux indique qu'ils savent que l'heure est proche; au premier beau jour, les perdrix se désagrègent et se mettent en quête d'une compagne. Dans le monde des insectes, quelques éphémères profitent également d'une éclaircie pour naître, aimer et mourir, tout cela dans l'espace d'une journée.

Le commencement de l'année nouvelle n'est point une des dates importantes de la vie rustique. Les grandes échéances, celles du paiement des fermages, de la *louée* des domestiques, qui varient suivant les localités, sont passées. On fête le 1er janvier à petit bruit, et, si on lui accorde plus de l'après-midi, c'est parce que les travaux ne pressent pas.

Cependant, on ne manque jamais de besogne à la ferme : les charrues se reposent, mais les attelages sont en route. Janvier, comme décembre, est le mois des gros charrois : fumiers et compost à mener, combustibles, genêts, bruyères, etc., à transporter. Les bras disponibles étant nombreux et à bon compte, c'est encore le moment de procéder à la réparation des chemins, dont le bon état est une des conditions essentielles de la prospérité agricole, si essentielle que le tenancier d'une grande exploitation fera toujours une bonne affaire en se passant, au besoin, du concours de la commune pour entretenir les voies vicinales qui l'intéressent.

Le Midi et l'Ouest commencent, dès à présent, à labourer les champs destinés aux semailles du printemps. Dans la région centrale, on peut travailler les terres fortes. Si humide, si collant que soit le sol, pourvu que la charrue puisse entamer et, tant bien que mal, retourner la terre, l'effet sera satisfaisant; car 1 suffira d'une gelée pour en désagréger les mottes les plus com-

pactes; au printemps, sa surface aura l'aspect
de la cendre; avec un ou deux hersages, elle sera
en bonne condition de recevoir la semence.

Dans l'intérieur, les occupations sont mul-
tiples. Une ferme, dans ces jours d'hiver, représente assez exactement le navire qui, rentré
au port après une campagne, tout en se déchar-
geant de sa cargaison, se prépare à reprendre
la mer en réparant sa coque et ses agrès et en
renouvelant ses approvisionnements.

La lutte qui se poursuivra opiniâtrément
pendant dix mois laisse si peu de répit qu'il est
prudent de profiter de la trève pour fourbir ses
armes, remettre en état les outils, les usten-
siles, les machines. En même temps, il faut
passer la revue des fourrages, continuer les
battages, profiter des froids pour égrener les
semences qui se séparent difficilement de leur
enveloppe : trèfle, luzerne, lupuline; veiller à
ce que les chevaux ne souffrent pas de la réduc-
tion de leur ration ou du défaut d'aération des
écuries, que les charretiers sont si souvent
disposés à exagérer; suivre de près le régime
des bêtes à engraisser; s'assurer qu'on ne néglige pas leur pansage, indispensable à une
bonne mise en condition.

Les vêlages qui commencent dans les exploitations où le bétail va de bonne heure au pâturage, les agnelages précoces qui se terminent,
apportent au fermier et à la fermière leur contingent de soucis.

Le propriétaire doit surveiller attentivement l'abatage de ses taillis, afin de le faire suspendre si la gelée atteignait à une certaine intensité, parce que le sol soulevé recouvrant une partie du brin à couper, lorsque le dégel aurait amené le tassement de la terre, ce brin resterait de plusieurs centimètres au-dessus du niveau général. D'ailleurs, la gelée fait éclater la souche, ce qui compromet la pousse.

Nous sommes au temps des veillées. Malgré leur réputation de se modeler, en fait de sommeil, sur les hôtes de leurs poulaillers, les villageois, les villageoises surtout, pensent qu'il est pour seize heures de nuit un meilleur emploi, et ils ne se couchent guère plus tôt que les noctambules du boulevard.

L'étable est toujours le théâtre de ces raouts rustiques ; la respiration du bétail pourvoit aux frais du chauffage, et chaque invité étant tenu d'apporter sa chandelle qui illumine tour à tour, l'éclairage n'est pas beaucoup plus dispendieux.

Le tableau est si pittoresque, si riche en détails, il fournit de si curieuses oppositions de lumières et d'ombres, qu'il pourrait tenter le pinceau d'un artiste. Des deux vaches, l'une, couchée, rumine, tandis que l'autre, élevant son mufle, arrache le foin à la crèche ; sur le devant, les femmes, les unes sur des bottes de paille, les autres sur des escabelles, se groupent autour du maigre lumignon, cousent ou filent ce chanvre qui deviendra de la belle toile bise.

Peu de chants, encore moins de récits, dans notre région du centre où l'imagination est si singulièrement paresseuse : la médisance, qui végète à toutes les altitudes, les remplace à la satisfaction générale.

Les hommes faits, dont les rudes travaux persévèrent, désertent de bonne heure ces réunions pour aller chercher le repos. La jeunesse a ses raisons pour tenir bon contre la fatigue, et le bruit de quelques baisers cueillis à la dérobée sur les joues vermeilles de la bonne amie représente l'élément de gaîté qui s'offre le plus fréquemment à l'assistance. Quand minuit tinte à l'horloge du clocher, on se sépare : les sabots clapotent pendant quelques instants sur la terre durcie, les portes se ferment, les lumières s'éteignent. Alors, le grand silence des ténèbres n'est plus troublé que par quelque refrain plaintif et monotone, qu'un garçon, regagnant une ferme isolée, jette aux échos, autant pour se rassurer lui-même que pour tromper les ennuis de la route.

II

Le 1ᵉʳ janvier dans les villages.

Dans nos villages, nous l'avons dit, le 1ᵉʳ janvier se célèbre avec discrétion, sinon toujours avec sobriété. On le considère un peu comme ces saints de seconde qualité, qui ne sont pas assez haut montés dans la hiérarchie céleste pour avoir droit au carillon et dont le « propre » se trouve suffisamment solennisé par le chômage de l'après-dinée. Peut-être les campagnards apprécient-ils plus sainement qu'on ne le fait à la ville la considération que mérite en réalité ce jour trop fêté.

Cette constatation officielle de l'année de plus que nous avons amassée sur notre tête, est-elle donc si réjouissante? Y a-t-il lieu de témoigner tant d'allégresse, parce que le calendrier nous atteste que nous sommes un peu plus près de notre fin? Sans doute, ce n'est pas l'an qui s'en va que l'on salue, — aux royautés défuntes plus de révérences, — c'est à l'an neuf que s'adresse cet enthousiasme, qui n'a d'autre raison d'être que la satisfaction égoïste avec laquelle nous assistons à son intronisation lorsque tant d'autres qui valaient mieux que nous ne sont plus là pour entendre son appel. Cependant, lorsque l'on réfléchit que cette date aura beau changer, qu'elle nous ramènera invariablement un surcroît de déceptions, de tristesses et de douleurs pour quelques joies bien clairsemées, on est tenté de se rallier à l'opinion rustique et de trouver, comme elle, que c'est franche duperie que de faire les frais d'un lampion à l'occasion du 1er janvier.

Il va sans dire que ces réflexions passablement lugubres sont étrangères à l'indifférence avec laquelle notre monde voit finir et commencer l'année : elle procède d'un ordre beaucoup plus positif. Les grandes époques de la vie des champs sont les fêtes du catholicisme qu'a consacrées l'habitude, mais surtout les foires et les marchés, où le plaisir s'accompagne ordinairement d'un profit. Une solennité qui se célèbre par des dons doit médiocrement séduire des gens qui tiennent la générosité pour une infirmité. C'est là, probablement, la raison véritable du peu d'entrain que soulève, au village, le 1er janvier.

Le beau sexe se montre surtout réfractaire à ses invites, parce qu'il fournira aux maris l'occasion de trinquer sous prétexte d'échanger leurs souhaits de bonne année, et que, s'il n'y a que le premier pas qui coûte, il n'en est pas de même du premier verre !

Quant au petit peuple, plein de bonne volonté, il faut bien qu'il subisse la loi qui lui est faite; il proteste contre ses rigueurs, mais il est bien rare que les grimaces de sa désolation parviennent à arracher à la parcimonie paternelle plus d'une belle pièce de deux sous, étrennes essentiellement modestes, mais dont ses ambitions se contentent, et fort bien.

Nous avons rencontré une fois un jeune bonhomme qui représentait, en raccourci, l'idéal de la félicité humaine. Ses étrennes, à lui, devaient avoir consisté en une paire de sabots à brides, si noirs, si luisants, que le propriétaire des pieds qu'ils chaussaient ne reconnaissait certainement plus ses extrémités. Il s'arrêtait à chaque pas pour considérer ces étonnants souliers de bois avec une admiration à la fois étonnée et respectueuse : se baissant, il passait sur leur vernis ses petits doigts, bleuis par le froid, pour se certifier à lui-même qu'il n'était pas la dupe d'une illusion. Devant une flaque d'eau qui coupait le chemin, il s'arrêta anxieux, consterné : il enviait probablement les ailes des chérubins du tabernacle de son église pour sauvegarder ses chaussures des souillures qui les menaçaient. Peut-être se fût-il résigné à traverser le bourbier sur ses mains, mais je le mis charitablement sur l'autre rive et il s'en alla tout joyeux.

Le petit campagnard se distingue encore de l'enfant de la ville par le soin religieux avec

lequel il conserve le jouet qu'un sourire bien-
veillant de la fortune aura mis dans ses mains :
ce ne serait pas lui qui ouvrirait le ventre d'un
cheval de bois pour voir ce qu'il y a dedans.
L'avarice rustique se nuance presque toujours
d'un respect très caractérisé pour les espèces
monnayées ; il en est du culte de l'argent comme
de tous les autres : les fidèles finissent toujours
par confondre quelque peu le dieu avec son
image et par accepter celle-ci pour celui-là.

Cette disposition à la vénération de ce qu'il
possède, vous la retrouverez très fréquemment
dans notre petit peuple. Il en est jaloux, comme
il le sera plus tard de son champ ou de ses
écus. Il y a quelque temps, nous avons vu mourir un enfant d'une douzaine d'années. Pour
adoucir les tristesses d'une maladie de lan-
gueur qui le cloua dans son lit, pendant plusieurs mois, une âme charitable lui avait envoyé
une boîte de soldats de plomb. Ils furent l'unique
préoccupation de l'agonie du pauvre petit être.
On voyait que l'idée qu'un autre pourrait jouer
avec ce qu'il appelait « ses beaux joujoux » do-
minait de beaucoup ses souffrances, et il sup-
pliait sa mère de les mettre avec lui dans son
cercueil.

III

Le brouillard de janvier

L'hiver, en rupture de tradition, semble décidé à ne pas nous honorer de sa visite; c'est tout au plus si le givre dont il a glacé nos arbres et le tapis de feuilles mortes, aux alentours du 1ᵉʳ janvier, peut compter pour une carte cornée. Les arbustes, les végétaux aventureux se sont déjà mis à danser sur la table; le lilas naïf enfle ses bourgeons prêts à crever; enhardi par l'abri tutélaire des broussailles qui l'entourent, le chèvrefeuille allonge de véritables pousses; le noisetier, les saules ont dégaîné ces jolies pendeloques jaunâtres, dont les villageoises, qui les nomment des « berdandoules », s'étaient couronnées bien avant que la mode en enrichît la flore des coiffures féminines; de son côté, le gazon s'émaille de pâquerettes en pleine floraison; il se tache encore çà et là de quelques primevères jaunes plus hâtées que leurs compagnes; ayant peu à perdre, elles ont incontestablement le droit de tout risquer; quant à la violette, ce n'est guère que dans les petites voitures sillonnant les rues qu'elle s'épanouit avec une profusion invraisemblable; celle de nos jardins témoigne d'une méfiance dont nous ne saurions la blâmer. C'est surtout quand le chat sommeille qu'il faut craindre les coups de griffe. Ce ne serait point la première fois que cette longue clémence du maître des frimas aboutirait à quelque manifestation d'autant plus désagréable qu'elle serait plus tardive :

> Si l'hiver ne fait son devoir
> Au mois de décembre, janvier,
> Au plus tard il se fera voir
> Le deuxième de février...

dit un ancien quatrain rustique. Attendez donc cette date avant de vous trop émanciper, pauvres fleurettes et chères promesses du renouveau ; ne cédez pas trop tôt aux bouillonnements de votre sève.

Chiche de gelées, l'hiver est souvent prodigue de brouillard. Il n'est rien de plus attristant pour le campagnard qui s'éveille que la vue de ce rideau opaque interposé entre le paysage et lui ; s'il sort, c'est pis encore, le nuage marche avec lui, et l'horizon se circonscrit à une dizaine de pas, il lui semble voyager sous une cloche de verre dépoli sur les parois de laquelle les arbres, les massifs, les accidents de terrain qui lui sont familiers, lui apparaissent comme des taches un peu plus sombres.

Ce genre d'intempérie est tellement redouté

des paysans, que nous ne savons trop s'ils ne lui préfèrent pas la grêle. L'horreur du gris n'est nécessairement pour rien dans cette aversion, la nostalgie du paysage, pas davantage ; ce sentimentalisme n'a pas cours au village. Si les bonnes gens exècrent les brouillards, c'est tout simplement parce qu'il n'est pas d'influence néfaste qu'ils ne leur attribuent ; ils leur font porter la responsabilité de tous les maux qui peuvent les affliger : épidémies, mortalité, mauvaise récolte, la coulure de la fleur de la vigne et du pommier, l'avortement des bestiaux, etc., etc. Le brouillard, c'est le loup de la météorologie rustique, et, s'il n'y a pas de fumée sans feu, cette épouvantable réputation ne peut pas manquer d'avoir quelque fondement.

Les chasseurs aussi sont de cet avis que les nuées sont bien où elles sont et que nous n'avons rien à gagner à entrer en relations trop intimes avec elles ; leur invasion gâte quelque peu les joies de ces messieurs. Les battues deviennent non-seulement assez fastidieuses, mais dangereuses. Manquer un faisan qui ne vous est apparu que comme une tache confuse sur un rideau de mousseline jaunâtre, avec de la philosophie, on s'en console. Recevoir soi-même du plomb sans savoir à qui s'en prendre, cela est plus grave. En pareil cas, rien n'est plus topique que le droit de ménager à un camarade une jolie petite réputation de maladroit.

Par un de ces temps à couper au couteau, nous nous trouvions en chasse dans un des parcs les plus giboyeux des environs de Paris. Au moment où l'un de nos amis ajustait un lapin, un paquet de mitraille caresse ses bottes et leurs alentours. Le châtelain désolé interroge, mais chacun se défend d'être l'auteur de ce malencontreux impair, la protestation affecte une unanimité qui produit une certaine stupeur dans l'assistance :

— N'insistez donc pas, mon cher ami, dit un aimable sociétaire de la Comédie-Française; il est absolument invraisemblable que ce lapin ait été à l'école des ci-devant gardes-françaises; il aura tiré le premier, et voilà tout!

Le brouillard à la chasse nous remet en mémoire une aventure qui, après une péripétie désobligeante, finit presque aussi gaiement que celle-ci. C'était dans l'Ardenne luxembourgeoise; j'avais avec moi un jeune serviteur, moitié Wallon, moitié Prussien, que j'avais cueilli à Malmédy, où il m'avait séduit par la correction avec laquelle il s'exprimait à la troisième personne. Nos chiens chassaient un lièvre sur les hauteurs, lorsque nous fûmes surpris par un de ces brouillards de montagne auprès desquels les nôtres sont de simples transparents, et qui sont d'autant plus redoutables que leur apparition est presque instantanée.

Aussitôt que les vapeurs s'étaient épaissies, « Fridiric », c'était ainsi que le pseudo-prussien croyait devoir prononcer son nom de Fritz depuis qu'il était au service d'un Français, se tenait obstinément dans ma poche, et il m'était facile de voir à l'agrandissement de ses yeux de veau, aux frissons qui couraient sur ses lèvres, qu'il n'était pas précisément rassuré. En me baissant pour compter les chiens qui nous avaient ralliés, je me sentis retenu en arrière et je m'aperçus que le prudent « Fridiric » avait jugé à propos de s'attacher à moi, au moyen de la corde qui nous servait de harde. Le premier mouvement fut plein d'impatience, mais le pauvre diable était si déconfit, témoignait d'une telle terreur de l'obscurité qui s'était faite, il me pria avec tant d'instance de respecter le lien qui allait nous unir l'un à l'autre que, haussant les épaules, je me résignai à le garder à la remorque. Tous les grands arbres du bois étant pour moi de vieilles connaissances, j'étais à peu près sûr de garder la bonne direction en allant de l'un à l'autre; mais nous avions à traverser des bruyères sur une longueur de près de deux kilomètres, et ces bruyères étaient semées de fondrières, en ce moment absolument masquées par la neige qui couvrait la terre; là, la traversée devenait sérieusement redoutable.

Je m'y hasardai avec précaution, m'orientant sur des rochers émergeant de loin en loin sur le blanc tapis. « Fridiric », au bout de sa corde, tenait l'arrière-garde. Tout à coup, au moment où, encouragé par le succès du début, je commençais à aller d'assurance, je sentis le sol céder sous mes pieds et j'exécutai un plongeon selon toutes les règles de l'art. J'étais au fond d'un trou avec deux, peut-être trois mètres de neige sur la tête. Je ne crois pas que jamais diable ait ménagé pareille fête à un bénitier ; je me démenais dans ma ouate comme un blaireau pris au piège. Par un phénomène qui m'a toujours semblé bizarre, si sourde que soit la neige, tout en faisant rage des pieds, des mains et du reste, j'entendais très distinctement les gémissements, les lamentations de mon compagnon, qui appelait tous les saints du Paradis à mon aide. Enfin, à force de me débattre, je réussis à escalader une des déclivités de mon entonnoir et à me hisser sur le bord où « Fridiric », toujours gémissant, se tenait agenouillé. Ma culbute m'avait mis de fort méchante humeur, si bien que je lui reprochai avec quelque aigreur de ne pas avoir tiré sur la fameuse corde qui m'eût fourni un point d'appui tout trouvé.

— Monsieur veut rire ! s'écria « Fridiric. » Comme j'étais certain de ce qui allait arriver à monsieur, je tenais mon couteau à la main, et aussitôt que j'ai vu monsieur glisser, crac ! j'ai coupé ! Dame ! ajouta-t-il avec une indignation tout juste tempérée par l'urbanité qui était son apanage, quand je me serais cassé la g..... avec monsieur, ça n'est pas ça qui aurait raccommodé celle de monsieur, je pense ?

Il n'y avait évidemment rien à répondre. Même quand il se rapproche de Jocrisse, le sens pratique n'abandonne jamais un Allemand.

IV

Météorologie rustique

Nous avons cité un dicton ajournant au 2 février les hivers qui n'ont pas *fait leur devoir* en janvier. Dans un curieux travail de M. Evode Chevalier, sur les pronostications de la météorologie rustique, nous trouvons un autre sixain à l'adresse de curieux qui s'inquiètent de la durée des frimas. Inutile d'ajouter que nous ne nous portons point garant de l'infaillibilité de l'oracle que voici :

> A la Saint-Vincent
> Tout gèle ou tout fond.
> L'hiver se reprend
> Ou se rompt la dent.
> Ou le jour de Saint-Paul
> Il se rompt le col.

Epargnons à nos lecteurs la peine de feuilleter leur almanach, en commentant l'arrêt du Nostradamus en sabots. Ce serait donc le 22 janvier — Saint-Vincent — que l'hiver se casserait la dent dont la morsure nous semble parfois si aiguë, à moins qu'elle ne continuât à nous tenailler de plus belle jusqu'au 25, jour de Saint-Paul, où, vu l'accident définitif réservé au bonhomme à la barbe hérissée de glaçons, nous pourrons dire : Morte la bête, mort le venin.

D'après ce même recueil, ce jour de la Saint-Paul aurait, du reste, une influence bien autrement importante sur nos destinées que la Saint-Médard d'aquatique renommée : nous ne saurions trop vous engager à étudier scrupuleusement, dans les moindres détails, la tenue qu'affectera ce jour-là notre atmosphère. Ecoutez plutôt :

> De Saint-Paul, la claire journée,
> Nous dénote une bonne année.
> S'il fait vent, nous aurons la guerre ;
> S'il neige ou pleut, cherté sur terre ;
> Si l'on voit fort épais brouillards,
> Mortalité de toutes parts.

Malheureusement, et si décisive que soit l'intervention thermométrique de Saint-Paul, il ne réussit même pas toujours à rompre le col de son adversaire : bien des hivers célèbres en témoignent. Sans nous arrêter aux plus récents, et puisque nous sommes dans les citations versifiées, nous vous rappellerons celle qu'enregistre le *Journal de l'Estoille*, qui se rapporte à l'une des crises de froid les plus longues, les plus douloureuses que nos latitudes aient eu à subir et dans laquelle la gelée se poursuivit pendant quatre-vingt-dix jours consécutifs :

> L'an mil cinq cent soixante-quatre,
> La veille de la Saint-Thomas,
> Le grand hyver nous vint combattre,
> Tuant les vieux noïers à tas ;
> Cent ans a qu'on ne veit tel cas.
> Il dura trois mois, sans lascher,
> Un mois oultre Sainct-Mathias
> Qui fit beaucoup de gens fascher.

Puisse cet exemple inspirer à nos contemporains la philosophique résignation qui pourrait leur manquer.

V

Chasse et Pêche

A tout seigneur tout honneur ; les loups sont
ceux du moment. La neige, le froid et leur im-
périeux corollaire la faim, les ont décidés à
quitter leurs repaires, à venir chercher la chair
fraîche autour des villages ; quelques attaques
audacieuses ont consterné les populations. On
connaît peut-être notre opinion sur la lou-
veterie ; son organisation surannée ne répond
plus aux nécessités de notre état social ; elle
appelle une réforme radicale, et néanmoins, en
tant qu'institution, elle est à conserver, parce
que sans louvetiers et sans chiens de loups on
n'aura jamais raison de cette engeance. En attendant, il conviendrait de pratiquer plus sérieusement l'empoisonnement, non-seulement du
loup, mais du renard qui, partout où il a été
essayé, a, à peu de frais et de peines, donné
d'excellents résultats. Voici, résumée sous la

forme d'un guide de l'empoisonneur honnête, la meilleure marche à suivre :

Avant tout, solliciter du maire de la commune l'autorisation de détruire par un toxique les animaux nuisibles de ses massifs; faire prévenir à son de caisse et par voie d'affiche les habitants du dépôt de gobes ou de carnage pendant la période que l'on déterminera, en les engageant à ne pas laisser errer leurs chiens. Contre le loup, se servir d'un cadavre de chien pour l'intoxiquer de préférence à tout autre carnage ; comme l'a très justement fait remarquer M. le comte d'Esterno, même pressé par la faim, le chien ne mange pas son semblable. S'il s'agit du renard, on utilise tantôt des petits oiseaux, et tantôt des taupes, en faisant tomber la petite dose de la strychnine dans une incision pratiquée dans l'aile des premiers, sous la nuque des secondes ; les taupes sont préférables aux oiseaux, car beaucoup de chiens dédaignent de les ramasser. En tous cas, on doit placer ses amorces de 5 à 7 heures du soir dans cette saison et marquer d'une brisée la coulée où on les a déposées. Le matin dès l'aube, il ne faut pas se borner à constater les résultats que l'on a obtenus, mais relever un à un ces appâts, les mettre en sûreté dans quelque arbre creux dont on ferme la cavité avec une pierre pour les reprendre le soir et les disposer comme la veille. Ces soins sont méticuleux, nous en convenons, mais ce n'est qu'à ce prix que l'on peut user avec quelque sécurité de ce moyen de destruction des animaux nuisibles. Ajoutons que lorsque de semblables demandes d'autorisation lui sont adressées, l'administration devrait prévenir les habitants d'un certain rayon aux alentours de s'abstenir de ramasser et de manger les oiseaux de proie qu'ils pourraient trouver morts dans les champs. Un bûcheron de Rambouillet a été empoisonné pour avoir mis dans sa soupe un corbeau qui avait enlevé un appât destiné aux renards.

Vous allez nous accuser de verser dans l'utopie, mais il nous semble qu'il ne serait pas bien difficile d'arriver à faire foisonner les espèces utiles dans nos plaines et dans nos bois, et en même temps à faire disparaître tout animal nuisible aussitôt qu'il se montrerait; il ne s'agirait pour cela que d'abjurer le culte de ce terrible moi, et, bien convaincus que servir les intérêts de la communauté, c'est en réalité s'obliger soi-même, de se décider à s'entendre pour la destruction de l'un, comme pour la conservation des autres.

C'est l'heure où il convient de procéder énergiquement à l'expurgation des bois, en faisant la guerre aux lapins. N'attendez pas davantage pour les traquer par tous les moyens connus : battues, chasses aux bassets et furetage; ce dernier mode de destruction, lè plus sûr, perdra de sa valeur dans quelques semaines, lorsque les lapereaux de la première portée ayant regagné le terrier, votre auxiliaire s'acharnant sur ces victimes sans défense, vous vous trouverez condamné à battre la semelle pendant des heures sur les terriers. Ne négligez jamais de convier les intéressés du voisinage à ces expéditions, et cela par la voie d'affiches : les écrits restent. Enfin n'oubliez pas que le lapin, « la meilleure légume » du garde, est aussi la pièce de résistance de MM. les huissiers.

En même temps que vous vous acharnerez sur ce rongeur, n'attendez pas que l'ordonnance trop tardive de M. le préfet vous y contraigne pour ménager les chevreuils, les lièvres, les perdrix, les faisans. La chevrette est pleine, et chacune d'elles à présent représente une trinité respectable ; comme le brocard a perdu ses bois, la confusion est si facile que mieux vaut s'abstenir de tirer sur lui. La hase, plus hâtée que la femelle du lapin, a déjà charge de levrauts.

Quant aux faisans, c'est tout au plus si ce qui en subsiste en janvier pourra suffire au repeuplement. Beaucoup de chasseurs se figurent qu'en ménageant les poules, il n'y a aucun inconvénient à tuer jusqu'au dernier coq. C'est une erreur fondée sur l'insuffisance des observations. Chez les oiseaux monogames, les choses se passent à peu près comme chez nous ; c'est le mâle qui se met en frais de pas et de démarches pour séduire celle pour laquelle son cœur soupire. Les rôles s'intervertissent quelque peu dans les espèces polygames, tétras, faisans, etc. Le sultan superbe a une voix éclatante pour annoncer *urbi et orbi* qu'il tient ses assises ; le plus souvent il dédaigne de se déranger.

C'est la jouvencelle qui, à ces cris, redresse sa tête au plumage grisâtre et les écoute anxieuse et palpitante; bientôt, l'œil émerillonné, elle se met en quête; le col tendu, svelte et légère, elle va trottinant sous la futaie, se glissant entre les hautes herbes qui frissonnent, s'arrêtant de temps en temps pour entendre encore cette invite impérieuse et douce ; elle marche jusqu'à ce qu'elle ait aperçu son seigneur et maître dans tout l'éclat de sa parure de pourpre et d'or. Il en résulte que vous aurez beau avoir respecté vos poules, en avoir même lâché de nouvelles, si vous n'avez plus un nombre suffisant de maris à offrir à ces beautés, elles pourront fort bien prendre le chemin des bois voisins, mieux partagés que les vôtres sous le rapport du sexe masculin.

Janvier est un mois de transition pour les gibiers de passage; la migration vers le sud est terminée, le retour au nord n'est commencé pour aucune espèce. Cependant, nos marais conservent quelques hôtes, canards, sarcelles, bécassines, qui semblent décidés à ne pas pousser plus loin leurs pérégrimations et se contentent d'aller de l'étang à la rivière et de la rivière à l'étang, suivant les caprices de la gelée. Au bois, il suffit que le thermomètre se relève de quelques degrés pour que de loin en loin on rencontre une bécasse ; mais elles ont cessé d'être un objectif sérieux et il faut au moins six semaines pour qu'elles le redeviennent.

FÉVRIER

I

Travaux

C'est ordinairement dans le mois de février que l'on prépare définitivement la terre à recevoir les semailles du printemps.

C'est aussi le moment de s'occuper des prairies qui, dans quelques semaines, entreront en activité. Si vous ne l'avez pas fait en automne, hâtez-vous, avant les pluies, de déblayer, de nettoyer les fossés, les rigoles qui entourent ou traversent ces prairies, ainsi que les raies d'écoulement et, au besoin, d'en ajouter de nouvelles, afin de profiter des larcins que les eaux commettront au préjudice de vos voisins. Ce n'est point un vol par recel, car ce qu'elles leur enlèveront sera perdu pour tout le monde, si vous n'avez pas le soin de l'utiliser. Les prairies naturelles sont toujours situées dans les vallées et quelquefois au pied même de collines, le plus souvent couvertes de champs cultivés. En traversant ces champs, ces eaux se sont chargées d'une partie des principes fertilisants qu'on leur a prodigués; c'est presque du purin qui vous arrive : arrangez-vous donc pour qu'il passe sur votre herbe avant d'aller se noyer dans la rivière.

Cette fumure subreptice et gratuite ne vous dispensera pas, bien entendu, des autres amendements que vous aurez à répandre sur vos prés, vers la fin du mois : cendres lessivées et non lessivées, compost, suie, colombines, etc., sans compter les cataplasmes plus énergiques, si votre fond est malingre et souffreteux. C'est une grande erreur, malheureusement trop répandue dans nos campagnes, de croire que les prairies naturelles peuvent se passer d'engrais : en pareil cas, elles végètent, mais ne vous enrichissent pas. La civilisation a soumis la nature au même régime que l'humanité : rien pour rien, voilà la devise de l'une comme de l'autre.

A cette époque de l'année, les fumiers surabondent; beaucoup de cultivateurs, redoutant plus tard l'accumulation des travaux, se débarrassent du trop-plein de leurs fosses, en conduisant dès à présent une partie de leur contenu dans les champs. L'expédient a ses inconvénients : le système des petits tas est absolument condamné par tous les agronomes. Il serait préférable de répandre ces fumiers : mais si les pluies affectent une certaine persistance, si le terrain n'est pas horizontal, quand viendra l'heure de l'action, ces engrais lessivés auront perdu une bonne part de leur puissance. Mieux vaut encore former de gros dépôts sur un emplacement creusé d'une vingtaine de centimètres, et en ayant soin de former à la base de la meule un rempart de terre, laquelle absorbera le purin et deviendra elle même un engrais très-énergique.

Cette question des fumiers est capitale, et leur traitement trop peu rationnel constitue certainement la plaie de notre agriculture. En dehors de nos départements du Nord et de ceux de Seine-et-Marne et de Seine-et-Oise, sur cinquante fermes, c'est à peine s'il en est une dont le propriétaire se soit résigné à faire les frais d'une fosse à purin. C'est pitié de voir les rues de nos villages uniformément traversées par un ruisseau d'eaux roussâtres et fétides, allant grossir la rivière à la moindre pluie, demeurant stagnantes en tout autre temps, développant alors le germe des contagions qui déciment nos populations, tandis que ces liquides infects, transportés dans les champs, devraient fournir un appoint sérieux à nos richesses.

Si le temps se radoucit, les insectes qui vivent aux dépens des grains, le charançon, l'alucite, la fausse teigne, etc., commenceront à sortir de leur engourdissement : il faut donc remuer souvent les tas de froment, surtout lorsque le froid reprend après une éclaircie temporaire. On recommande, dans ce dernier cas, d'aérer largement les greniers, afin de mettre ces insectes aux prises avec l'air mortel du dehors.

Nous avons aujourd'hui un agent beaucoup plus sûr pour délivrer nos grains de cette lèpre, c'est le sulfure de carbone. Les cubes Rohart nous paraissent le moyen indiqué pour l'utilisation du gaz toxique à cette destination. Leur emploi est facile; ils représentent la seule forme sous laquelle cette substance dangereuse puisse être impunément maniée par des gens inexpérimentés. Trois ou quatre cubes, préalablement percés à l'aide d'un poinçon, placés au centre d'un tas de grains, si volumineux qu'il soit, suffiront à le débarrasser de sa microscopique mais dangereuse population ; on n'aura rien à en redouter si on renouvelle plusieurs fois l'opération de l'automne au printemps, et la dépense sera absolument insignifiante.

« Bien fumer une terre, bien nourrir un cheval, et exiger d'eux tout ce qu'ils peuvent rendre, » disent les Belges, et, comme ils pratiquent rigoureusement ce double principe, leur culture est la plus parfaite qui soit du monde. L'assertion étonnera nos cultivateurs du centre, dont un bon nombre en est encore à croire très naïvement que, seuls, ils savent faire pousser les blés ; la supériorité de nos voisins n'en est pas moins flagrante.

Dans nos exploitations, les chevaux sont toujours imparfaitement nourris, et quand les grands travaux ont cessé, peu s'en faut qu'ils ne le soient plus du tout. On croit réaliser un bénéfice en rognant la ration autant que faire se peut et surtout en supprimant l'avoine : en comptant mieux, on s'apercevrait que l'opération se solde par une perte. Lorsque l'animal passera sans transition d'un repos constant à des attelées de dix et douze heures, sa fibre amollie, son sang appauvri par le régime de l'hiver, ne fourniront plus qu'un travail lent et imparfait au moins pendant une certaine période. La perte de temps qui en résultera pour le laboureur compense et au-delà l'économie réalisée : « *times is money,* » disent encore d'autres de nos voisins.

N'exagérez donc jamais la diminution de la provende, calculez-la pour qu'elle entretienne le cheval en condition, et lorsque, comme en ce mois de février, l'heure de vous en servir sera proche, revenez progressivement au rationnement normal : c'est le moyen de le trouver vigoureux et résistant.

II

Les jours gras

« Il ne faut jamais se dépêcher de pleurer », dit un dicton rustique ; quand bien même il n'y aurait pas d'envers à nos infortunes, le diable qui les a déchaînées se charge si souvent lui-même de les réparer, que les larmes trop hâtées sont le plus souvent des larmes gaspillées. Il n'est presque pas d'année où des Jérémies en sabots ne se lamentent sur la persistance des pluies de février et n'en pronostiquent l'impossibilité d'effectuer les labours. Il n'est presque pas d'année non plus où le soleil, trouvant dans le vent un vigoureux et précieux auxiliaire, ne suffise à la tâche d'assécher le superflu du liquide que le ciel nous octroya : et la fièvreuse activité de notre monde aidant, les labours finissent par s'éxécuter dans de bonnes conditions.

Il faut dire aussi, à la gloire du paysan français, que, s'il se plaint volontiers, quelquefois en fin cultivateur, jamais il ne se laisse envahir par le découragement ; à l'acharnement avec lequel il revient à la charge, on dirait que ce Sisyphe ne sent pas le poids de son rocher. Nous nous souvenons d'une grêle qui ravagea le canton que nous habitons ; les vignes particulièrement avaient été hachées ; dans l'après-midi, les vignerons étaient déjà à la tâche, sur le sol encore couvert de grêlons non fondus qui craquaient sous leurs lourds sabots ; ils relevaient les ceps, renfonçaient les échalas, rattachaient les sarments qui tenaient encore avec un fétu de paille, épluchaient les grappes meurtries ; ils travaillèrent de la sorte jusqu'à la nuit. Nous demandâmes à un de ces braves s'il comptait encore sur quelque récolte. Il hocha mélancoliquement et négativement la tête. — Il faut tout de même faire ce qu'il faut, nous répondit-il ; vous sauriez que votre mère va mourir, ça ne serait pas ça qui vous empêcherait de la soigner.

Les joies de la semaine grasse ne font aucun tort à ce labeur si pressé ; les fêtes des jours gras sont de celles que le campagnard ne chôme que lorsqu'il n'a rien de mieux à faire. Cela n'empêche pas qu'elles soient célébrées avec quelque tapage, le soir, quand la charrue est remisée et que les chevaux ont leur avoine. La jeunesse se refuse rarement la satisfaction de « courir carnaval ». Affublés, les uns de vêtements de femme, d'autres de vieux uniformes, quelques-uns de déguisements de la plus haute fantaisie, mais masqués jusqu'aux dents, ils vont de veillée en veillée, et l'entrée de la bande dans l'étable est toujours saluée par des cris d'enthousiasme, quelquefois de terreur, car généralement le magasin de cartonnage n'a jamais de *facies* assez horribles au gré de ces jeunes amateurs.

Le divertissement a cela, n'a que cela de commun avec le bal de l'Opéra, que l'intrigue en constitue le pivot le plus essentiel. — Je te connais! —Tu ne me connais pas! — représentent ici comme là-bas les deux phrases piquantes de la conversation. Cependant, au village, on apporte une ardeur plus sincère à essayer de percer l'énigme, grand sujet de triomphe, dans les champs, au lavoir pour les jours suivants quand on y réussit; dans ce but, le jeunes filles hésitent rarement à subir sur leurs joues fraîches et rouges le contact du masque hideux qui les avait si fort effrayées, poussant quelquefois l'indiscrétion jusqu'à essayer de le soulever. Puis, quand on a bien crié, bien ri, d'un gros rire sonore, la bande va deux portes plus loin et recommence la même scène.

Quand au souper de carnaval, il ne comporte ordinairement qu'un seul plat, des crêpes, que, dans le Centre, on appelle, par extension, des carêmes-prenant. La marmaille avide de cette friandise est toujours ardente à la réclamer; la mère se rend d'autant plus volontiers à ce vœu général que, dans beaucoup de villages, une vieille tradition assure de l'argent pour tous les jours de l'année à ceux qui feront des crêpes au jour consacré! Soucieuse d'aider à la réalisation du pronostic, mais ménagère pratique, la femme a généralement soin de prodiguer l'eau dans sa pâte et de supprimer tout appoint à ce festin.

III

Chasse et pêche

La chasse est close. Les derniers coups de fusil de la campagne se sont tirés à la plaine et au bois, après quoi chacun s'en est allé, comme dans la chanson de *Malbrough*. Le retour a du reste quelque chose du défilé funèbre immortalisé par la célèbre complainte, à cette différence près que « l'autre », qui ne portait rien, forme la majorité. Cette clôture est certainement une fête comme l'ouverture, mais quelle différence dans les impressions qui les suivent! Elles ne se ressemblent pas plus que les enthousiasmes de la vingtième année aux amères réalités de l'âge mûr. En septembre, l'espoir, cette chimère bienfaisante qu'il faudrait inventer si elle n'existait pas, aidait les malheureux sur lesquels « la guigne » s'était appesantie à porter le poids de leur bredouille ; le dernier dimanche, elle est alourdie par la rigueur avec laquelle la fortune s'est refusée à toute revanche ; on la subit avec la rage sourde du joueur décavé, quand la voix nasillarde du croupier annonce « les trois dernières » ! En vain, chacun des infortunés se bat les flancs pour déguiser sa mauvaise humeur sous les dehors d'une gaieté de commande, les déceptions de l'amour, du jeu et de la chasse, se traduisent invariablement par l'allongement du nez de celui qui les éprouve.

Du reste, ceux qui avec le feu sacré ont la chance d'habiter la campagne pourront peloter en attendant que la partie recommence ; jusqu'au mois de mai, ils auront avec les lapins des coups de fusil à tirer ; le passage de retour des canards et des bécassines leur ménage encore quelques bonnes journées ; enfin, grâce à une tolérance à notre avis regrettable, ils auront pendant deux mois encore la bécasse pour objectif. Nous sommes de ceux qui ont le plus énergiquement combattu cette dernière proscription, si peu justifiée, et lutté pour le maintien des prohibitions qui, en leur fermant le marché parisien enlevaient aux destructions autorisées dans quelques déprrtements la prime qui les incitait.

Lorsque tout gibier a déjà disparu au sud-est de notre pays etse raréfie sur le reste du territoire ; lorsque d'intéressantes espèces d'êtres sauvages, les outardes, les coqs de bruyère, les gelinottes, certaines variétés de pluviers, commencent à passer à l'état de légendes ; que d'autres sont dans un péril flagrant ; lorsque la rage de l'anéantissement semble s'être emparée de quiconque porte un fusil, nous considérons comme un devoir de prêcher, fût-ce dans le désert, les mesures préservatrices, la modération ou, tout au moins, une saine appréciation de l'intérêt général. Placer la bécasse, ou un autre migrateur, en dehors du droit commun du poil ou de la plume, par cette raison seule qu'elle niche et multiplie dans d'autres contrées que la nôtre, nous paraît un procédé de franche barbarie, un dernier vestige de cette législation monstrueuse attribuant au souverain les biens de l'étranger décédé dans le pays auquel il avait demandé une hospitalité temporaire. Tous les êtres en œuvre de reproduction, qu'ils soient voyageurs, qu'ils soient sédentaires, ont des droits égaux à notre clémence. La plupart des bécasses tirées au printemps ont été abattues à la croule, et la croule est précisément la manifestation qui sert de prélude à la propagation de cet oiseau.

C'est dans le mois de février que les cerfs quittant leurs hardes, s'isolent pour mettre bas leur tête; les vieux cerfs sont les premiers à subir cette mue; elle s'effectue dès les premiers jours du mois, celle des dix-cors vers la fin; les autres têtes mettront bas dans le courant de mars.

Février ouvre la période des amours des carnassiers; quand la température s'est maintenue rigoureuse, elle commence au milieu du mois seulement pour la louve, dans la seconde quinzaine pour la femelle du renard; amours aussi sauvages que le milieu désolé par l'hiver qu'ils ont pour théâtre et qui se caractérisent surtout par les combats acharnés que se livrent les mâles. Les menues bêtes de proie, fouines, martres, putois commencent eux aussi à obéir à l'influence du printemps. Le moment est opportun pour s'occuper activement de la destruction des uns et des autres.

Les soucis de la reproduction commencent également à s'éveiller dans les tribus des bêtes honnêtes et paisibles. Les lapins, cette incarnation de la règle de multiplication, et les lièvres sont à l'œuvre, les hérissons également. Le blaireau s'éveille de son engourdissement hivernal et exécute ses premières sorties hors de son terrier. Dans la plaine, les perdrix commencent à s'apparier, mais, hélas! malgré la douceur de leurs mœurs et l'affabilité de leur tempérament, ce dieu turbulent qu'on appelle l'amour les ravale au niveau des loups et les incite à des batailles où les plumes volent toujours, où quelquefois le sang coule. La surabondance constante des coqs est la cause de ces conflits. Jadis, nous pouvions y remédier en tuant les mâles à l'aide de chanterelles, mais nous avons tant abusé de cette façon de pacifier les ménages, que l'usage nous en est interdit, et naturellement, c'est l'innocente perdrix qui porte le châtiment de notre peu de retenue.

Le grand mouvement rétrograde des migrateurs est commencé. Les ramiers, les palombes, les bisets, réunis en bandes, longent la chaîne des Pyrénées en se dirigeant du couchant vers l'orient. Les faucons retournent vers le nord. Les ridennes quittent les plages de l'Océan; les foulques ou judelles reparaissent sur nos étangs; et le grand pluvier ou courlis de terre reprend possession des plaines graveleuses où il se cantonne; le Midi a vu reparaître les marouettes; il ne faudrait qu'un adoucissement de la température et quelques brises de l'est pour ramener les bécassines dans nos marais.

On ne pêche guère qu'au filet, pendant le mois de février; c'est le moment de tendre des verveux dans les ruisseaux affluents des grandes rivières, pour y prendre les brochets qui recherchent ces bas fonds pour frayer. Leur chair est médiocre, il est vrai; mais en expurgeant les eaux de cette graine de brigandeaux, on rend un précieux service à leur population, et cet assaisonnement d'ordre moral vous aidera à lui trouver une saveur agréable.

MARS

——

I

Derniers froids

Il en est de l'hiver comme de tous les autres maux qui affligent notre humanité : il suffit d'un rayon de soleil ou d'une lueur d'espérance pour qu'ils soient oubliés. Une demi-douzaine de beaux jours, il n'en a pas fallu davantage pour vivifier la campagne et du même coup la physionomie des braves gens qui l'habitent. Le ciel brumeux du lendemain a beau ramener ses teintes grisâtres et mornes sur le paysage, la tonalité plus verdoyante des seigles, des blés, des prairies, le glacis jaunâtre dont les dessous forestiers sont déjà colorés, comme la brise tiède qui court dans la vallée, protestent contre les derniers vestiges de la mise en scène hivernale et annoncent l'heure où le décor printanier prendra sa place. Les travailleurs, de leur côté, ont abdiqué l'indolence mélancolique de leurs allures, aux jours du repos forcé; ils vont, ils viennent plus actifs, plus pressés, comme il convient à des gens qui vont entrer dans la bataille, et sur les sommets de la colline quelques charrues cheminent méthodiquement, ajoutant sans relâche une vague brune aux ondes de terre que représentent les sillons.

Ce n'est pas encore le printemps, mais ce n'est déjà plus l'hiver. Il faut revivre par la pensée les jours cruels que l'on vient de traverser pour comprendre l'ivresse intime avec laquelle un pauvre diable de campagnard accueille ce bienfaisant rayon qui rend quelque tiédeur à l'atmosphère, et décide les bourgeons à faire poindre leurs émeraudes dans leurs chatons d'or bruni. On aurait tort d'accepter l'éclaircie pour autre chose que pour une promesse : mais cette promesse a son prix; elle atteste que nous en avons fini avec les frimas, que nous ne sommes point dépossédés de cette douceur, de cette clémence du climat, le précieux privilège de notre terre de France.

Nous ne nous autoriserons pas de cette amélioration de la température pour vous entretenir du réveil de la végétation; nous n'oserions même pas affirmer que nous avons surpris un frisson indiquant qu'il était proche ; l'imagination se prête aisément aux mirages qui la caressent. Après une longue traversée, le naviga-

teur est toujours disposé à prendre quelque
nuage de l'horizon, pour cette terre à laquelle il
aspire. Et puis enfin, le prélude de ce réveil ne
se traduit que dans d'imperceptibles détails,
des redressements de brins d'herbe qui, pour
ne pas nous échapper, n'en présentent pas plus
d'intérêt.

Lorsque l'on se montre trop agacé des rigueurs de l'hiver, les âmes charitables manquent rarement de vous représenter en manière
de consolation que, si elles sont désobligeantes,
elles ont pour compensation l'immense avantage de débarasser nos récoltes de tous leurs
ennemis, insectes et menus quadrupèdes.

La razzia, à notre profit, de tous les criminels,
par le bonhomme à barbe blanche, est passée à
l'état d'article de foi : cependant, de celui-là
comme de beaucoup d'autres, s'il faut en prendre, il faut aussi en laisser.

Nous ne nierons pas que la nature nous ait
traités avec quelque bienveillance ; mais c'est
pure présomption de croire qu'elle nous ait sa-
crifié la plus humble de ses créations en insti-
tuant des fléaux spéciaux qui nous en délivrent.
En sa qualité de bonne mère, jamais elle n'a
oublié d'instituer un instinct pour servir de
correctif à la faiblesse et, en ce qui concerne
son but, cet instinct distance très souvent
notre intelligence. La science météorologique a
pris, depuis quelques années, un grand développement : grâce aux télégraphes, aux obser-

vatoires, ses renseignements rayonnent sur les deux hémisphères; cependant, quelquefois elle se trompe. Plus imparfaitement outillés, une hirondelle, un mulot, une fourmi, sont plus pertinemment renseignés, lorsqu'il s'agit de fuir un mauvais temps qui s'approche, ou de se mettre en mesure de braver des gelées mortelles.

Un de nos amis fouilla, après une de ces gelées, une fourmilière; il la trouva descendue à 60 centimètres de la surface du sol, c'est-à-dire précisément à la profondeur à laquelle le gel était parvenu. Nous-même, ayant eu, à la fin d'un de ces derniers hivers, à faire démolir une énorme provision de feuilles sèches ramassées à l'automne, nous y découvrîmes une véritable garnison de mulots qui y avaient hiverné. Ils s'étaient également réfugiés en bon nombre sous les buttes de feuilles et de litières qui abritent les artichauts, et comme le rat du fromage, ils y avaient trouvé le vivre et le couvert.

Enfin, c'est une erreur de croire que, même dans les champs, ces menus rongeurs soient beaucoup plus maltraités. Comme la taupe, ils savent très bien se garantir de la gelée, en gagnant les profondeurs, quitte à exécuter des sorties, lorsque la faim les talonne, pour ronger les écorces, particulièrement celles du pommier dont ils sont très friands.' Si flatteuse qu'elle soit, sachons donc rompre avec cette conviction que le ciel doit se charger de notre défense, et faisons nous-mêmes notre police.

II

Travaux

Mars est le grand mois de la préparation. Il
a donné son nom aux semailles : les *mars*, les
marsages, suivant les localités. La période est
décisive, la terre, engourdie, va sortir de sa
somnolence et se mettre en devoir de rendre
au centuple, au travail, ce que celui-ci lui aura
confié.

A peu près tous les végétaux utiles se sèment
dans ce mois, les blés, les seigles de printemps,
et le lin et l'œillette, l'avoine, les carottes, les
vesces, la gaude, la spergule, les tabacs, les
rutabagas, les betteraves, les trèfles, les sainfoins, etc.; et, dans la dernière quinzaine, on
commencera à planter les pommes de terre.
Cette nomenclature incomplète suffit à donner
une idée de l'activité dont nos champs sont le
théâtre.

Partout où la terre s'est trouvée dans de
bonnes conditions pour recevoir la charrue, les
travaux sont en avance, surtout dans les nombreuses contrées où les avoines se font sur un

seul labour, et les semailles du printemps se feront à leur heure. Tant pis pour ceux qui ont flâné : si le temps devient mauvais, ce sera une nouvelle leçon pour leur apprendre que c'est surtout en agriculture qu'il faut saisir l'occasion aux cheveux. Laisser échapper le moment favorable quand il se présente, c'est se préparer à la fois d'amères déceptions et d'inutiles regrets. Nous n'avons pas à compter sur les gelées pour obvier aux labours défectueux : ce que le laboureur appelle le *mou*, et qui, suivant sa pittoresque image, *gâte* la terre, peut nous suprendre avec les pluies.

Dans le mois de mars, la nourriture des bestiaux est le gros souci, quelquefois la pierre d'achoppement des cultivateurs, toujours très disposés à calculer trop juste leur approvisionnement de fourrages, à compter sur le vert comme si le ciel le leur devait à date fixe, et à ne pas tenir compte du déchet assez considérable que ces fourrages subissent en vieillissant.

Quand on se trouve dans cette situation, on doit bien se garder d'attendre que la disette soit un fait accompli pour y remédier. Aussitôt que l'on s'aperçoit que le contenu des greniers commence à baisser, que le stock des racines tire à sa fin, il faut procéder à un rationnement sévère des unes et de l'autre; on supplée à l'insuffisance de la nourriture avec des balles ou des pailles hachées, mélangées avec des tourteaux préalablement délayés dans de l'eau tiède : le tout est mis en tas et donné aux bestiaux quand la fermentation s'établit. Les animaux s'entretiennent passablement avec ce régime. Cependant, mieux vaut encore ne pas avoir besoin de recourir à ces expédients, c'est-à-dire faire entrer mars et avril en ligne de compte quand on calcule les proportions à donner à la provision hivernale.

Les céréales d'hiver réclameront encore quelques travaux supplémentaires. C'est le moment de leur donner leurs arrosages d'engrais liquide, de répandre sur elles les engrais pulvérulents, guano, poudrette, suie, terres animalisées. Dans la seconde quinzaine, on promène le rouleau sur celles que les gelées ont déchaussées, une herse à dents de fer dans les emblaves dont les surfaces auront été durcies par les hâles caractéristiques du moment. Cette dernière opération représente ce que les jardiniers appellent un binage. Elle est indispensable lorsque les céréales ont reçu comme appoint à leurs fumures un des engrais pulvérulents dont nous parlions tout à l'heure.

Nous avons oublié, dans la liste des ensemencements, les prés naturels, et cependant nous sommes à l'époque la plus favorable pour le semis de ceux que l'on a voulu améliorer en les défrichant. Par un contraste assez bizarre, l'herbe qui pousse sans semailles et sans soins et devient si souvent importune, est précisément celle dont il est le plus difficile d'obtenir une végétation productive. Il faut de grands soins pour qu'elle arrive à ce gazonnement qui, en lui assurant un rendement régulier et presque indéfini, représente un capital. Aussi, croyons-nous que le régime des assainissements, des irrigations et des fumures est plus avantageux que le défrichement, en dehors des cas où le sol est épuisé ou envahi par les herbes aquatiques.

Les règlements forestiers accordent jusqu'au 15 avril pour l'abattage des bois ; cependant, lorsque la saison est humide et douce, il y a avantage à ne pas profiter de la tolérance, à avoir fini, dans la première quinzaine de mars, de faire tomber les bois à abattre. Quand on porte la hache sur une cépée au moment de l'ascension de la sève, la souche peut pourrir s'il survient des pluies continues, et, en tous cas, les premiers brins seront moins vigoureux.

Nous touchons également aux derniers délais que puissent subir les travaux d'assainissement, curage de fossés, nettoyage des rigoles, etc. Les essences dures souffrent toujours de l'insuffisance des voies d'écoulement : la disparition du chêne, que l'on signale dans certains massifs où il a longtemps dominé, tient surtout à une stagnation trop prolongée des eaux sur le terrain.

III

Premiers beaux jours

Le printemps commence à s'affirmer sur toute la ligne. Les feuilles se sont dégagées de leurs enveloppes. Les buissons du bas-fond, aussi bien que les massifs du jardin, se sont glacés de vert tendre, bien vague, bien incertain, mais qui n'en représente pas moins le retour de la vie végétale.

Sur le coteau, les bois ont gardé la livrée de l'hiver; cependant, çà et là, les brindilles des ormes qui se sont chargées de fleurettes d'un pourpre foncé, quelques bouquets de merisiers, de cerisiers sauvages dont les branches ont disparu sous la neige de fleurs qui les couvre, égayent singulièrement ces masses encore sombres et mornes, en leur donnant un exemple qu'elles ne tarderont plus à suivre.

De son côté, la prairie, en même temps qu'elle accentuait la nuance d'émeraude de son tapis, s'est constellée des ombelles jaunes des primevères, *primula veris*, la véritable fleur du renouveau et la joie des enfants de nos campagnes, qui l'appellent coucou, peut-être parce que son apparition coïncide avec le retour de cet autre messager du printemps. Ne cherchez pas l'ombre de poésie dans ce penchant de notre jeunesse pour l'aimable primevère des prairies : elle ne songe pas le moins du monde à se parer symboliquement de ces prémisses printanières, mais on peut fabriquer des balles avec ces fleurs, en reliant leurs calices tubulaires à l'aide d'un bout de ficelle. Saviez-vous cela? C'est surtout pour se livrer à cette petite industrie que nos bambins des deux sexes recherchent les coucous avec tant de passion.

Cette fois, il y a tout lieu de croire que nous en avons fini avec l'hiver. La sève, un instant refoulée, s'est remise au travail avec un redoublement d'ardeur, comme un cheval agacé par la pression du mors, qui s'emporte aussitôt que son cavalier lui lâche la bride.

La plaine verdoie, les bourgeons craquent, se déchirent, et les boutons s'épanouissent en neige du jour au lendemain. La brise s'est attiédie et les chanteurs de la chambre de S. M. le roi Printemps ont fini d'accorder leurs instruments.

Encore quelques matinées ensoleillées et le rideau se lèvera sur l'églogue des sept mois. Ce prélude n'a pas, il est vrai, les magnificences grandioses du dernier acte, mais il y a pour la nature bien des façons de nous tenir sous le charme, et toutes sont bonnes. Ce réveil gra-

dué, presque timide, n'a rien qui s'impose à
nos admirations, il n'enivre pas plus nos sens
qu'il n'éblouit notre vue; il nous prend par un
sentiment doux comme lui : la gaieté. Ce vert
fadasse du bourgeonnement, l'horreur des
peintres, il est le sourire de la résurrection :
sa contagion vous gagne. En présence de cette
nouvelle affirmation du triomphe de la vie sur
la mort, on se sent plus alerte et plus dispos,
on respire plus largement et plus aisément, on
oublie absolument que notre hiver, à nous
autres, n'a point, hélas! son renouveau.

AVRIL

I

Le Renouveau

C'est moins par l'éclosion que par l'irruption que le renouveau s'est caractérisé. Il nous est arrivé avec des façons de vainqueur prenant possession d'un pays conquis; la vivacité de ses manifestations a été jusqu'à la brutalité; en un clin d'œil, nous ayant mis le rayon sur l'occiput, il nous a contraints à déployer les ombrelles, à arborer les chapeaux de paille et le reste de la livrée estivale que ce pauvre diable de mois des giboulées devait considérer avec quelque surprise. Si cette tiédeur anormale se prolongeait pendant quelques jours encore, à Pâques, nous pourrions voir les pantalons blancs courir les rues comme au bon vieux temps. Car ce n'est point le songe creux de cervelles affaiblies par l'âge ; il était jadis l'attribut de cette solennité, comme les branches de buis sont celui du dimanche des Rameaux. On rencontre même des entêtés qui, en dépit de l'acharnement que les saisons apportent à contrecarrer la tradition, se font un point d'honneur de leur prouver que, pour se culotter de coutil, l'agrément du ciel n'est pas du tout nécessaire.

Plus frileuse, moins intrépide que les collégiens de ma génération, la garde nationale ajournait ordinairement au 1er mai le retour à ce vêtement inférieur, spécial au temps de canicule et dont, lors des débuts de l'institution, la couleur avait mérité à ses membres la qualification de c... blancs. Comme ce jour-là était celui de la fête du roi et l'occasion d'une grande revue, la tenue était presque toujours de rigueur, bien que la lune rousse se mêlât déjà de servir aux soldats citoyens des plats de son métier. Il nous nous souvient d'un 1er mai où, une pluie diluvienne ayant succédé à une bourrasque de neige, nous nous étions décidés à faire tache avec un pantalon gros bleu sur la base immaculée de notre rang. Vous pouvez juger si nous fûmes vertement tancés par le capitaine, un bonnetier à trois poils, jaloux de mériter la croix et travaillant à nous rendre dignes du beau titre de « compagnie modèle. » Comme il nous demandait avec aigreur si nous n'avions pas lu l'ordre et que nous avions le mauvais

goût de lui répondre que, pendant qu'il y était,
son tambour eût bien dû communiquer cet
ordre au soleil : — Je n'ai point à m'inquiéter
du soleil, nous dit-il avec un courroux solennel,
puisqu'il ne figure pas sur les contrôles ; autrement, rien ne m'empêcherait de lui coller la
garde hors tour, comme j'ai l'honneur de vous
l'infliger, mossieu ! Et dire qu'il est des ennemis de la gaieté pour redouter la résurrection
de cette institution assez drôlatique parfois
pour qu'on soit indulgent à ses menus inconvénients.

La transformation de la nature n'a pas été
moins précipitée dans le monde végétal. Inquiet
des tergiversations du début, il affectait quelque
prudence ; les gelées blanches lui ayant fait
sentir les griffes sous le velours de la patte,
il était sur ses gardes ; les uns apportaient une
sage lenteur à dégager leurs pousses du bourgeon vernissé qui les abritait ; les autres ne
livraient à l'épanouissement que la moitié de
leurs promesses. Le printemps se montrant
décidé à user de violence, ces velléités de résistance se sont évanouies et l'audacieux n'a plus
rencontré que de la bonne volonté. C'est ainsi
que cela se passe d'ordinaire. En deux ou trois
fois vingt-quatre heures, après autant de dou-
ches de vrai soleil, le paysage a subi une complète métamorphose. Aujourd'hui, les plus hâtés verdoient comme si rien n'était plus à
redouter ; les bois eux-mêmes s'estompent de

la couleur printanière et les prairies affirment leur tonalité. Les violettes, ces batteurs d'estrade de l'année nouvelle, sont déjà de l'histoire ancienne; nous en sommes aux fleurs du véritable printemps, giroflées, primevères, jacinthes, etc. Les grappes rouges et jaunes des ribes, des mahonias constellent les massifs; les lilas ont déployé leurs thyrses, l'épine a façonné ses bouquets; encore quelques jours, et la floraison arbustive éclatera dans toute sa magnificence.

Aux champs, la satisfaction est si complète, qu'on y a quelque peine à croire à la réalisation des perspectives qui s'y présentent. Certainement, personne ne saurait répondre que des gelées en mai, qu'une sécheresse en juin ne viendront pas semer sur ce réjouissant tableau quelques points noirs. Attendons jusque-là pour nous en lamenter. Ne gâtons pas une satisfaction très légitime par des appréhensions qui, elles aussi, peuvent ne pas se réaliser.

II

Travaux

Avril est le mois des travaux de préservation. Nous avons confié les semences à la terre, notre tâche n'est pas terminée. Cette terre nous rendra certainement ce que nous avons mis dans son sein, mais avec des intérêts qui varieront : ils peuvent être de cent pour un, ils peuvent aussi ne pas représenter beaucoup plus que la valeur des semailles; ils seront en proportion du soin que vous aurez pris de la délivrer des parasites qui l'épuisent sans profit, et pour lesquels, il faut l'avouer, elle manifeste la faiblesse qui caractérise toutes les mères à l'endroit des mauvais garnements. Les mauvais garnements de la terre, ce sont les chenilles, les chardons et les immenses tribus des végétaux inutiles, mais toujours prêts à dévorer l'héritage, comme si seuls ils y avaient droit. Échenillez, échardonnez, sarclez et binez, si vous tenez à entrer en possession de votre légitime.

La loi du 26 ventôse an IV rendit l'échenillage obligatoire. Il devait être pratiqué avant le

20 avril, et les contrevenants pouvaient être frappés d'une pénalité. Il en fut de cette loi comme de beaucoup de celles qui règlementent le régime cultural, elle ne tarda guère à passer à l'état de lettre morte. M. Martin (du Nord), en 1839, à la Chambre des pairs, M. Richard (du Cantal), en 1849, à l'Assemblée constituante, présentèrent des propositions sur les moyens de détruire les insectes nuisibles à l'agriculture; mais comme ils avaient négligé de rattacher, même incidemment, les chenilles à la politique, leurs projets eurent le sort de tous ceux qui ne sont qu'utiles.

Plus tard, un sénateur de l'Orne, M. de la Sicotière, reprit le thème de ses devanciers : il n'eut guère un meilleur sort; le plus gros de son projet tomba sous le feu des boutades d'un de ses collègues : le Sénat avait ri, il était désarmé. Nous aurions, du reste, grand tort de nous en inquiéter : cette grave question se trouvera résolue avec beaucoup d'autres dans le fameux Code rural... quand il viendra.

Je ne voudrais rien dire de désagréable à mes semblables, cependant il m'est impossible de leur dissimuler que ce luxe de lois, de décrets, que cette prodigalité de règlementation n'ayant d'autre but que de les contraindre à exécuter ce qu'exige leur intérêt personnel et privé, me paraissent fortement humiliants pour l'intelligence humaine. Quel est celui d'entre nous qui n'a pas eu son jardin, son verger, les

pommiers de ses champs absolument dépouillés par les chenilles? Qui n'a pas vu ses arbres
languir après ce terrible assaut et être deux ou
trois ans à s'en remettre? La leçon est cependant assez dure, pour que nous en tirions son
enseignement. Bien que ni M. le maire, ni son
garde-champêtre n'aient l'habitude de s'en mêler, nous oublions rarement de brosser notre
pantalon, souillé de boue, si nous tenons à le
conserver. Il ne serait pas moins conforme au
bon sens et à notre dignité de bête raisonnable
de ne pas attendre les ordres de l'autorité,
quand il s'agit de couper et de brûler les petites
branches sur lesquelles on a reconnu des
bourses des pires ennemies de nos plantations.

Même observation pour l'échardonnage, —
un mot que l'Académie n'a pas légitimé, mais
qui représente, en agriculture, une opération
assez importante pour qu'il y reste usuel. —
Voulez-vous avoir une idée du mal que le chardon peut causer dans une emblave, quand on
ne l'extirpe pas avant qu'il soit arrivé à la
phase de propagation?

« Un seul pied de *carduus nutans*, a dit M. Barral, fournit 3,750 graines; un seul pied de *carduus lanceolatus*, encore plus prolifique, en donne
jusqu'à 30,000. Le *carduus arvensis* n'en donne
que 5,000, mais il se multiplie également par le
rhizôme. Le *sonchus arvensis* donne le nombre
fort respectable de 19,000 graines. Une seule
plante suffit pour couvrir 80 ares en un an. »

Et la plupart de ces graines ont des ailes pour se transporter au loin, ne l'oubliez pas.

Les sarclages se font à la main ou à l'aide d'instruments. Avec les plantes délicates, lins, colzas, etc., certaines précautions sont indispensables, car celles de ces plantes que le soulier ou le sabot auraient froissées ne se relèveraient pas. Avec les céréales, ces soins ne sont pas nécessaires, à la condition cependant, que le sol ne soit pas détrempé par de fortes pluies. Les plantes à racines profondes, traçantes et vivaces, la patience, le chardon, l'arèle-bœuf, doivent toujours être extirpées à l'aide d'un sarcloir. En résumé, ne perdez pas de vue que, plus vous diminuerez le nombre de ces affamés, plus vous augmenterez la portion des seuls convives qui vous intéressent.

C'est dans le courant de ce mois que se donne le premier labour de jachère, que l'on herse et que l'on roule. Ces opérations ont pour but de provoquer la germination des graines de plantes parasites contenues dans la terre : plus elles auront été multipliées avant le labour, moins on aura besoin de recourir aux sarclages, toujours plus dispendieux que cette façon d'approprier le sol.

Ce sera dans la seconde quinzaine du mois que l'on sèmera les betteraves; plus tôt, elles lèveraient irrégulièrement, languiraient et seraient envahies par les mauvaises herbes. Les pommes de terre se plantent ou sont déjà plantées. Généralement nos cultivateurs, les petits surtout, se montrent un peu trop indifférents dans le choix du terrain auquel ils confient leurs tubercules. La pomme de terre pousse à peu près partout, cela est vrai; mais tandis que vous êtes presque sûr de les récolter saines, dans un sol léger et profond, surtout si, lors de la plantation, vous avez pris soin de leur distribuer un peu de cendre ou de charrée, vous verrez la maladie s'acharner sur celles qui auront poussé dans une terre compacte, argileuse, ou trop récemment fumée.

On a déjà fait disparaître les poêles, qui ont pris rang dans le mobilier de la plupart de nos chaumières. Il ne faudrait également pas trop tarder à mettre les étables et les écuries au régime de la température de l'été, en enlevant les bottes de paille qui ont servi à clore hermétiquement les ouvertures pendant la saison rigoureuse. Une aération convenable est une condition indispensable de santé pour tous les animaux qui les habitent.

C'est, du reste, le moment où des indispositions se manifestent fréquemment chez eux, surtout chez les chevaux. Il faut surveiller de près les attelages, ajouter des carottes à leur ration, leur donner des eaux blanches, des barbotages, tout ce qui peut prévenir les échauffements.

La ménagère, de son côté, a fort à faire : d'une part, ce sont les veaux d'avril, parmi lesquels on choisit généralement les élèves, parce qu'ils sont, dit-on, plus vigoureux et qu'on aura, pour les nourrir, toutes les ressources du pâturage ; d'autre part, la basse-cour est devenue très absorbante. Ponte, couvées, éclosions se succèdent pour toutes les volailles. On doit s'arranger pour que ces dernières commencent par les poulets et les oisons ; plus tard, doivent venir les canetons, et enfin, au commencement de mai, les dindonneaux, lorsque la température sera définitivement adoucie.

Dans les vignes, on taille, on plante, on provigne, on pique les échalas après le labour, ou l'on tend les fils de fer, si le vigneron progressif a adopté ce système de soutien.

Le travail forestier est encore fort actif : l'exploitation des coupes de l'année doit être terminée dans ce mois, et tous les bois de l'exercice précédent enlevés. Les charbonniers commencent à reconnaître leurs places à *fauldes* ou à fourneaux ; ils entameront bientôt le grand œuvre de leur pittoresque industrie.

III

Pluie d'avril

C'est bien en avril que la pluie mérite d'être
qualifiée de bienfaisante ; cultivateurs et jardiniers sont d'accord pour la réclamer ; il
n'est pas jusqu'aux indifférents qui ne la voient
venir sans trop de déplaisir. Il faut du beau
temps, mais pas trop n'en faut ; on s'en lasse
tout comme du pâté d'anguille. Je ne crois pas
qu'il existe un voyageur qui soit revenu d'Italie
sans la nostalgie du nuage, sans une fringale
de verdure ; pour notre compte, nous aurions
brouté au premier pré que nous avons rencontré, tant son vert brutal et criard avait charmé
notre vue. Et puis, sont-elles vraiment belles,
ces journées traversées par ces brises âpres,
énervantes qu'on appelle les hâles de mars ?
L'agacement qu'ils produisent vous gâte absolument les séductions de cet ensoleillement de
la nature à son réveil. Le vent est justement
chargé de malédictions par tous ceux qui n'ont
pas besoin de son office pour pousser le navire
ou faire tourner les ailes du moulin ; aux

champs, il est vraiment insupportable. Son pittoresque, les convulsions des branches échevelées, est d'un intérêt bien fugitif, et, si les convulsionnaires vous appartiennent, leur solidité contre ces assauts ne tarde guère à vous inquiéter ; et puis, ses murmures, c'est la poésie qui les nomme ainsi, sont d'une monotonie vraiment trop somnifère ; cela, sans parler des gros griefs à sa charge. Un jour qu'il faisait rage, on releva un ivrogne mal équilibré qu'une rafale venait de culbuter : « En fait-il des embarras, murmura-t-il en montrant le poing à l'horizon, ce vent que quelques méchantes gouttes d'eau suffiront pour abattre ! Moi, à la bonne heure ! il me faut du vin pour me renverser ! »

Les semailles du printemps, n'ayant pas les ressources de ce brave homme, se trouveraient fort mal d'une sécheresse persistante ; les blés d'hiver eux-mêmes, ne progresseraient pas, ou commenceraient à jaunir, si le ciel ne leur envoyait le remède sous la forme d'une ondée. Ce qui caractérise la période, c'est la spontanéité avec laquelle se produit l'amélioration désirée ; il semble que ces embryons végétaux, ayant conscience de l'inclémence de la température qui les attend à leur entrée, rassemblent leurs forces, s'approvisionnent de sucs pour surgir aussitôt que l'humidité de la terre leur dit que l'heure est venue ; leur mouvement est pour ainsi dire instantané et, du jour au lendemain, vous voyez se glacer de vert les sillons jusqu'alors jaunes et nus. Chez les arbres et les arbustes, l'effet n'est pas moins saisissant, on dirait un printemps de vie qui les baigne et qui les humecte avec cette pluie féconde.

Le bulletin de la santé de nos arbres fruitiers ne nous semble pas beaucoup moins digne d'intérêt que celui de quelque grand de la terre. Tous sont en fleurs, et la campagne a arboré les bouquets virginaux de ses cerisiers et de ses pruniers.

IV

Pâques. — Pâques-fleuries

Au village, on attend la grande fête du mois, Pâques, qui, avec la fête patronale, représente les deux solennités sérieuses que tous chôment peu ou prou. Le scepticisme a si visiblement gagné nos populations que je me garderai d'attribuer uniquement au sentiment religieux les honneurs de cette unanimité d'observance. Quand la racine maîtresse d'un grand chêne est vermoulue, les faisceaux des radicelles, du chevelu suffisent à le soutenir sur le sol et l'arbre, grâce à eux, continue longtemps de végéter. Ce chevelu est ici représenté par des habitudes douze fois séculaires.

La piété féminine garde l'antique vénération de la grande semaine chrétienne; chez le sexe masculin, le respect du saint jour s'inspire généralement de causes plus frivoles ou de motifs plus matériels. Pour les campagnards, ce n'est point le 20 mars que s'ouvre l'ère du printemps, c'est à Pâques, à quelque date que tombe la fête.

Si la foi n'exige pas qu'on renouvelle toute sa garde-robe, comme chez les fils d'Israël, la coutume veut qu'on choisisse cette époque pour ajouter quelque appoint à son trousseau : le plus souvent une belle blouse, si raide et si lustrée qu'elle a l'air d'avoir été taillée dans un morceau de tapis. Pauvres comme riches se croiraient déconsidérés s'ils n'arboraient quelque vêtement neuf, et plus d'une malheureuse fillette a versé des larmes faute de vingt-cinq sols pour s'acheter un fichu.

L'impatience de la jeunesse a encore d'autres raisons. C'est à Pâques que commencent les bals et les fêtes de village, ces réunions si curieuses.

Dans certaines localités, les jeunes filles en quête de maris ont l'habitude de cueillir, en revenant de la messe de minuit, le jour de Noël, un petit rameau de pommier, qu'elles placent dans une fiole pleine d'eau suspendue dans la chambre devant la fenêtre. Si un seul de ces boutons vient à s'épanouir avant Pâques, la fillette à laquelle la branche appartient est certaine d'entrer en ménage avant que l'année soit finie. Cela s'appelle une Pâques-fleuries.

Il y avait, dans la domesticité d'un château des environs d'Alençon, une petite femme de chambre bretonne, douce, pieuse, douée de toutes sortes de vertus, mais affligée d'une bosse qui rendait son placement assez problématique.

Cependant, comme il y a un cœur de l'autre côté d'une bosse, tout aussi bien que de l'autre côté d'un dos plat, Ursule, c'était le nom de la Bretonne, profita de l'obscurité pour détacher sournoisement un rameau sur l'un des pommiers du chemin qu'elle suivait avec ses camarades, se ménageant une Pâques-fleuries, et, malheureusement, une autre fille ayant surpris son secret, en régala l'office, et Dieu sait s'il s'égaya aux dépens de la pauvre bossue. On convint entre ces messieurs et ces demoiselles que la mystification serait complète. Le Samedi-Saint, un des aides jardiniers substitua à la branche à demi flétrie, un brin de pommier constellé de fleurs rosées.

La Bretonne, étant montée à sa chambre, n'en pouvait croire ses yeux; elle descend rayonnante, tenant son bouquet à la main et criant au miracle. Les éclats de rire, les railleries, les huées de ses camarades lui apprirent que ceux-ci s'étaient joués de sa crédulité; la pauvre enfant, confuse, tremblante, baissait les yeux pour cacher les larmes qui coulaient sur ses joues, lorsque la châtelaine entra dans l'office. La lingère était allée lui raconter et la présomption et la naïveté de la bossue; la dame s'était indignée de ce jeu cruel.

— Ursule, dit-elle à la petite femme de chambre, pour cette fois, Pâques-fleuries n'aura pas menti. Honnête fille, vous serez certainement une honnête femme; mais puisqu'il faut encore une dot pour trouver un mari, cette dot, je vous la donne.

En même temps, ayant tortillé un billet de 1,000 francs autour de la tige du rameau fleuri, elle le lui rendit.

Quinze jours après, le garçon jardinier qui avait eu un rôle actif dans la plaisanterie proposait à Ursule de l'épouser : mais celle-ci acheva de mettre les rieurs de son côté en en choisissant un autre.

V

Chasse et pêche

Le mois d'avril est pour le chasseur d'une extrême importance ; en dehors du marais où il peut encore glaner quelques bécassines, des bordures où, en cas de surabondance de population, il lui est permis de fusiller quelque lapins, sa période d'activité est close ; la chasse à courre elle-même aura sonné son dernier hallali dans les départements les plus favorisés par la longaminité préfectorale ; mais tant de soucis s'imposeront à lui en ce moment, qu'il aurait tort de trop compter sur ses loisirs. Il est parfaitement libre de n'en avoir cure et de s'en remettre au hasard, à la Providence, au bon Dieu, du soin de veiller sur la reproduction des espèces sur laquelle reposent ses plaisirs de la chasse prochaine ; mais, alors est-il bien digne de la qualification qu'il s'attribue ? Pour nous, dans la situation que nous font la civilisation, les progrès de l'agriculture et la pénurie du gibier, nous considérons comme un devoir de dépenser quelque sollicitude pour que la reproduction des êtres utiles mais sauvages, s'opère dans les conditions les moins défavorables que faire se peut. N'est-il pas parfaitement illogique, ce propriétaire qui ne négligera aucun détail pour assurer la réussite de la couvaison de ses poules et qui, s'il s'agit des faisans, des perdrix, des lièvres qui sont pour lui d'un bien autre intérêt que ces volailles, laissera les choses aller au petit bonheur.

Ce sera donc dans le mois d'avril qu'il conviendra de vous assurer du nombre et de la situation des pariades que vous avez conservées, de voir si les coqs ne sont pas en surabondance, ce qui nuit singulièrement au succès des couvées.

Ces oiseaux commencent à pondre vers la fin de ce mois et au commencement de mai; assurez-vous qu'ils n'obéissent pas trop à leurs prédilections pour les prairies artificielles, si fatales à leur espèce. Dans les tirés de l'ancienne liste civile, les gardes reconnaissaient les nids que les pauvres oiseaux avaient établis dans ces coupe-gorge, les marquaient d'une fiche, et le faucheur était tenu de respecter un espace suffisant de fourrage autour du jalon. Ce procédé omnipotent n'est probablement pas à votre portée ; mais vous pouvez, en les levant plusieurs fois par jour à l'aide d'un chien très sage, si la luzerne, si le trèfle ne sont pas trop hauts, ou bien en promenant un

cordeau sur les cimes de l'herbe dans les temps
de végétation normale, les dégoûter de cet
asile trop perfide et les décider à confier l'espoir
de leur race à quelque honnête emblave de
céréales.

Le 15 avril, suivant l'usage antique et
solennel, la pêche a été close; la tradition
veut qu'il en soit ainsi, tout comme elle
exige que cette pêche ouvre invariablement le
15 juin. Or, cette clôture ayant pour but la
protection de la multiplication du poisson, ne
serait-il pas logique de consulter ce poisson
avant de prendre une détermination auquel il a
un si puissant intérêt. Je ne propose pas,
croyez-le bien, de faire siéger une carpe ou un
brochet devant le tapis vert autour duquel se
prennent ces graves décisions ; mais sans leur
demander leur avis, qu'ils auraient peut-être
d'excellentes raisons pour ne pas donner, ne
pourrait-on pas leur tâter le pouls et s'assurer
s'ils sont en disposition d'exécuter la prescrip-
tion légale qui veut qu'ils fraient précisément
pendant la période tutélaire?

Si, comme cela est infiniment probable lorsque
l'hiver a été rigoureux, chevennes, carpes, brêmes, goujons, etc., ont ajourné les épousailles
jusqu'à l'heure où quelques chauds rayons auront suffisamment tiédi la salle de noces, il
peut parfaitement arriver que cette grande
journée coïncide avec celle où, de par la loi, il
sera parfaitement licite de ramasser épouseurs

et épouseuses par panerées. Avouez que voilà un singulier mode de protection ?

Répétons, pendant que nous sommes en veine de glose, un vœu que bien des fois ont exprimé tous les pisciculteurs dignes de ce nom, celui de voir l'administration étendre au poisson la sévérité avec laquelle, pendant la clôture de la chasse, elle maintient les prohibitions tutélaires de colportage et de vente du gibier. La pêche est le sport du petit monde, c'est à ce titre qu'il doit être à ses yeux plus digne d'intérêt qu'aucun autre.

MAI

I

Travaux

Mai est le mois de la fièvre de croissance. Ses trente et un jours représenteront le grand effort de la nature, ce que, dans les champs, on appellerait son coup de collier. Sa résurrection se caractérise, d'abord, par une sorte de torpeur, l'engourdissement qui suit le sommeil; mais, déjà, dans l'ombre, en dépit des inclémences atmosphériques, la sève avait concentré ses esprits, ramassé ses forces, et le jour venu, lorsqu'un brûlant et resplendissant rayon donne le signal, elle monte, elle éclate, elle déborde en feuilles, en fleurs, par toutes les issues, comme la vapeur d'une chaudière en ébullition. La rapidité de la métamorphose du paysage et de ses détails donne la mesure

de la furie avec laquelle toute création se rue
dans la vie qui lui est rendue.

Les plus humbles, les pauvres plantes des
chemins, des bois ; les arbustes des haies, des
dessous forestiers, sont les plus hâtés : ils
savent le prix des beaux jours, en leur qualité
d'éphémères. Les grands seigneurs de l'ordre :
les chênes, les hêtres, les frênes, se font prier ;
cette indifférence de bon ton n'empêchera point
ces hauts personnages de prendre part à la fête,
et, pour avoir fait quelques façons avant de se
décider à endosser leur manteau verdoyant et
superbe, ils ne l'étaleront pas avec moins
d'orgueil.   .

Pendant que s'accomplit cette merveilleuse
ébauche que les mois qui vont suivre n'auront
plus qu'à compléter, l'homme des champs jouit
de quelques loisirs. Ne vous méprenez pas : ils
ne représentent pas du tout l'oisiveté, ils ne lui
permettent pas de se croiser les bras ; seulement,
son œuvre étant à peu près complète dans la
plaine, dans les bois, dans le jardin, il en a fini
avec le rude labeur qui consiste à retourner la
terre, soit avec le hoyau, soit avec la charrue.
Mais les mille détails, tant de l'intérieur que de
l'extérieur, ne le laisseront pas chômer de
besogne.

C'est le moment d'organiser la nourriture au
vert, comme ordinaire pour les bestiaux, comme
hygiène pour les chevaux, et de l'organiser de
telle sorte que l'on puisse pourvoir à l'alimen-

tation des animaux, malgré la sécheresse qui
retarderait la seconde coupe des fourrages. On
peut encore avoir des fumiers à conduire dans
les pièces destinées aux choux, aux rutabagas,
aux betteraves repiquées; on peut encore, si
les fossés ont du trop-plein, mener ces fumiers
dans les jachères des terres fortes si la pente
du champ est insensible. Les engrais liquides,
vidanges et purins, trop dédaignés dans nos
régions centrales, s'appliquent avec profit à
toutes ces plantations de racines, betteraves,
carottes, choux et navets. Ils seront additionnés
d'eaux dans la proportion de quatre à neuf fois
le volume de la vidange, de trois à cinq fois
celui du purin.

Enfin, on commence à installer les moutons
dans les parcs. L'Ouest ne s'est pas encore ap-
proprié ce moyen si simple, si économique de
fumer parfaitement le sol. Il est vrai que les
couverts des pays bocagers recèlent des voisins
redoutables, pendant la nuit, pour le peuple
bêlant.

Un ancien élève de Roville, agriculteur dans
l'Aveyron, a indiqué un moyen facile et peu
coûteux d'écarter les loups. Il consiste à placer
une lanterne allumée à chacun des arbres du
parc. Peut-être le peu d'entraînement que les
cultivateurs de cette contrée manifestent pour
le parcage doit-il être attribué à la composition
même de leur troupeau, qui, ne comptant ordinairement qu'un nombre d'animaux limité, est

placé sous la surveillance d'un petit garçon ou d'une fillette, suffisant parfaitement à leur tâche.

Le trèfle incarnat, les seigles fourragers forment ordinairement la base du vert donné à l'étable; ils durcissent rapidement, et il est bon de les faire tomber avant leur complet développement. Les lupulines se réservent souvent pour le pâturage du troupeau; mais la fenaison de la première coupe des luzernes et des trèfles violets s'effectuera dans le courant du mois.

Quand on est décidé à soumettre les chevaux au régime rafraîchissant du vert, on doit les y accoutumer par degrés : on commence par mêler ce vert au fourrage sec, et, pour que l'animal ne puisse pas trier ce qui flatte davantage son appétence, on fait passer le mélange au hache-paille. La quantité de vert sera progressivement augmentée jusqu'à former la totalité du fourrage. Mais on ne supprimera jamais la paille, dont on garnit les râteliers pendant la nuit. La luzerne et les vesces conviennent mieux aux chevaux que le trèfle; quand on met les animaux au pâturage, il faut les surveiller pour prévenir ou remédier aux accidents de météorisation, quelquefois si graves.

Le plâtrage des luzernes fauchées pour vert, si usité en Beauce, il y a quelques années, n'y est plus que rarement pratiqué : cet abandon est regrettable. Non seulement la seconde coupe bénéficiait de l'action fertilisante du plâtre, mais quand il avait été semé à propos, c'est-à-dire avant que la rosée n'eût été volatilisée, il détruisait des masses énormes de ces petites limaces grises qui, parfois, causent des dégâts considérables dans certaines emblaves de froment.

Vers le milieu de mai, on commence la tonte des moutons dont la toison est faite; en attendant davantage, ce qu'elle gagnerait en poids, elle le perdrait en qualité.

Dans les vignes, on lie la pousse, on donne une deuxième façon, et on procède au soufrage, quand on a la chance de n'avoir pas à compter avec un ennemi bien autrement redoutable que l'oïdium.

II

Pendant la Lune rousse

En aurons-nous bientôt fini avec cet assaut de
gelées et de giboulées? Le rayon qui, hier encore, illuminait la vallée, la brise quasi-tiède
qui redressait les thyrses grelottants et fripés
des cerisiers en fleurs semblaient nous assurer
contre le retour de ces meurtrières intempéries; mais, hélas! l'expérience ne nous l'a que
trop appris, ces sortes de promesses célestes
sont presque aussi trompeuses, — il faut être
poli avec les puissances, — que le programme
d'un gouvernement sortant de sa coquille.
Heureux quand les météorologistes ne nous
annoncent pas de nouvelles épreuves!

On ne saurait nier les importants services
que cette science de la prévision du temps peut
rendre à l'agriculture, aussi bien qu'à la naviga-
tion; il me paraît cependant qu'elle a quelques
inconvénients. Notre tranquillité ne trouve jamais son profit à trop déchirer le voile qui dérobe l'avenir à nos yeux; d'ailleurs, à quoi con-

sacrerons-nous nos loisirs, quand il ne nous restera plus rien à deviner? Avec cette suppression de l'imprévu, cette prescience de tous les
incidents du lendemain, notre vie ne ressem-
blera-t-elle pas un peu trop à celle d'un soldat
ou d'un moine? Et puis, quand ces sortes de
pronostications ne se réalisent pas, voyez un
peu le désarroi qu'elles peuvent jeter dans une
existence.

Je sais un brave jardinier qui, pour les
prendre un peu trop au pied de la lettre, est
devenu l'être le plus infortuné de la création.
Le soleil a beau lui crier confiance! confiance!
si son journal n'est pas d'accord avec l'astre,
rien ne saurait l'empêcher de tendre ses toiles,
de couvrir ses cloches et de déployer ses paillas-
sons; le lendemain, sa gazette lui ayant appris
que la tempête américaine, dont elle lui avait
dénoncé la traversée, avait décidément pris la
première rue à gauche pour s'en aller châtier
les septentrionaux de leurs péchés, il se hâte
de remiser son arsenal préservateur, tout en
pestant contre des précautions qui ont fait perdre une si belle journée à ses pauvres arbres.
Il n'a pas plutôt fini de dépaillassonner qu'une
grosse nuée jaune parfaitement indigène s'arrête au-dessus de son jardin, et vlan! se met à
le cribler de grêlons en ne laissant plus à son
propriétaire d'autre ressource que de s'arracher les cheveux.

Beaucoup plus avisé, et bien moins à plaindre était ce mari qui se consolait avec la gastronomie de certaines légèretés dont on taxait la conduite de sa femme; — ah! la médisance! Un jour qu'il venait de mettre au feu une bécasse douillettement enveloppée dans un linceul de bardes, un ami trop obligeant survint, lui annonçant qu'il croyait avoir vu entrer madame dans un logis d'un jeune homme suspect; et ajoutant que s'il voulait, très vraisemblablement il trouverait matière à un bon procès qu'il gagnerait peut-être! — Vous me la donnez belle! tout cela ne représente que des probabilités, lui répondit cet homme sage, tandis que si je m'absentais seulement pendant dix minutes, il est absolument certain que je trouverais ma bécasse brûlée en revenant. Je serais un sot si j'hésitais un instant! Et il se remit philosophiquement à tourner sa broche.

Faut-il maintenant vous entretenir des déceptions, des tribulations, des appréhensions qui, datant d'hier, se classent déjà dans l'histoire ancienne? A quoi bon? Compter les morts avant la fin de la bataille n'a jamais servi qu'à décourager inutilement les combattants.

C'est bien plutôt l'heure de nous approprier le cri de ralliement du pionnier américain, *all right!* En avant! Des ensemencements restent à terminer, les plantations de racines sont encore en suspens dans nos champs inondés, et nos grains en terre sont languissants, mais la nature ne tient pas moins que nous autres à accomplir' et à parfaire son œuvre; si son travail est en retard, elle aura bientôt regagné le temps perdu, pourvu que, redoublant nous-mêmes et d'activité et d'ardeur, nous ne perdions pas une minute pour la mettre en mesure de remplir sa tâche. En avant !

III

Après la lune rousse

Les beaux jours sont enfin revenus, et pour tout de bon. Comme il arrive toujours, un examen plus approfondi a fait reconnaître que l'on avait quelque peu grossi les méfaits de la lune rousse. C'est surtout lorsqu'il s'agit de nos biens que la sollicitude est facile à l'émoi ; nous ne voyons guère que celle de la mère pour ses petits qui arrive à ce degré de susceptibilité.

La robuste végétation forestière en est rarement affectée ; au contraire, jamais les bois ne semblent aussi charmants qu'au sortir de cette épreuve. Les dômes se garnissent, les pousses cuivrées des grands chênes s'allongent, s'épanouissent en rameaux qui se détachent sur la tonalité déjà vigoureuse des masses feuillues des ormes et des hêtres, sur le vert tendre des bouleaux. Cette dernière couleur, peu prisée des peintres, domine, il est vrai, dans l'ensemble ; si elle est désagréable sur une toile, elle exprime si bien le premier sourire de la nature réconciliée avec nous, qu'il est impossible au promeneur de ne pas la trouver charmante dans la réalité.

Quant aux dessous, ils nous ménagent de véritables enchantements : l'herbe foisonne, émaillée de fleurs violettes et blanches, elle métamorphose le lit de feuilles mortes en un tapis somptueux ; les fougères ont déroulé leurs volutes, les bruyères verdoient en attendant qu'elles s'empourprent, les ronces, les chevrefeuilles, tous les arbustes sarmenteux étendent leurs bras avec l'insatiable avidité des parasites, et, de loin en loin, tranchant sur l'uniformité de l'écrin, quelque énorme buisson d'aubépine qui, dans sa parure éblouissante, figure si bien le bouquet nuptial de cette fête des épousailles. Les oreilles ont leur joie comme les yeux, car avec sa parure, le bois a recouvré ses bruits. Nous ne ferons point de grandes phrases, à propos des chansonnettes de ceux que les sceptiques appellent dédaigneusement « des moineaux », nous voulons même admettre que c'est chez ceux qui se rapprochent de la nuit définitive que s'éveille l'appétit du bruit et de la lumière ; cependant, si ce bois, pour être muet, ne perd pas son attrait, il ne nous semble pas moins que, dans sa solitude, le gazouillement d'une simple fauvette ajoute singulièrement à son charme.

Il ne faudrait pas croire, cependant, qu'un printemps puisse faire prospérer à la fois les futures moissons et les marchands de fourrures.

Sans en être encore à la grimace, les céréales sur pied affectent un certain alanguissement témoignant qu'elles ne sont pas absolument satisfaites de la température ; quelques taches, quelques zigzags jaunissants commencent à se montrer sur leurs nappes verdoyantes et, en ce mois de mai, le jaune n'est pas de meilleur augure sur les blés que sur un visage humain.

C'est aux arbres fruitiers que ces soubresauts baroques du chaud au froid et du froid au chaud, qui sont l'apanage de la lune rousse, font le plus de mal, jusqu'à leur porter le coup de grâce.

Ce sont là des malheurs sur lesquels les indifférents s'apitoyent médiocrement. Lorsque la statistique relève le chiffre énorme auquel il faut évaluer les pertes causées par quelques nuits de gelée, il excite plus d'étonnement que de commisération. Tant de millions représentés par des arbres fruitiers ! il y a des gens qui n'y veulent jamais croire. En réalité, pour le producteur, cet arbre qui s'éteint, c'est un capital, amassé au prix de quinze à vingt ans de travail et d'efforts, qui disparaît, capital aux revenus quelquefois intermittents, mais soldant presque toujours l'arriéré l'année suivante, et en somme assez constants pour nourrir leur propriétaire.

Il est mieux encore, pour celui qui fait passer les jouissances du jardinage avant ses profits.

Quand on l'a planté, quand on l'a vu naître,
comme disait la vieille chanson, l'arbre fruitier
prend une place dans les affections du maître
et de la famille ; il en est de lui comme des
enfants malingres et débiles : on s'y attache en
raison directe des soucis qu'il a coûtés. Tout
petit, il a fallu plier ses branches rebelles à la
forme, provoquer par des incisions l'émis-
sion d'un rameau dont l'absence eût compro-
mis la régularité de la charpente, refréner les
tendances de la sève à s'élever, un travers qui
lui est commun avec notre espèce, tailler par-ci,
pincer par-là, palisser, surveiller sans relâche
le développement de l'arbrisseau. Ce nourris-
son, il aura ainsi marché pendant cinq ou six
ans avec des lisières, il aura donné son premier
fruit, le gage qu'il ne sera pas encore éman-
cipé ; la direction à lui donner exigera la même
attention, les mêmes précautions, les mêmes
soins pendant dix, douze, quinze ans peut-être,
et ils seront d'autant plus minutieux que les
prémices auront été plus encourageantes ; ce
n'est guère qu'à cet âge qu'il est en plein rapport, comme disent les jardiniers, que sa py-
ramide fait figure, que le feuillage de son espa-
lier fait un rideau au mur qui l'abrite.

C'est alors que l'homme est payé de ses
peines, alors seulement qu'il jouit de ce qui est
véritablement son œuvre ; la fête a trois actes :
celui du printemps, lorsque l'arbre se transforme en un gigantesque bouquet de fleurs

blanches ou roses ; celui de l'été ou de l'éclosion ; celui de l'automne ou de la maturation, quand le soleil glace de pourpre et d'or ces grosses pendeloques qui chargent les rameaux. Ces joies, la famille entière les partage. — Tu nous mèneras voir le beau poirier, disent les petits ; — et, devant lui, ils restent en extase, dénombrant les fruits, les comparant les uns aux autres, les croquant des yeux, en attendant que leurs quenottes nacrées se plantent dans leur chair succulente et parfumée. Avec de pareils antécédents, avec un tel rôle, étonnez-vous donc que cet arbre soit, quelquefois, l'objet d'un sentiment presque immatériel, et qu'on ne puisse pas le voir partir avant l'heure sans cette amertume qui gonfle le cœur, lorsque nous perdons un ami.

J'en ai vu un devenir l'objet d'une véritable jalousie, dans des circonstances assez touchantes. Un brave homme du village avait un fils unique qu'il perdit. Décidé à quitter le pays, il mit sa maison en vente et un de ses voisins se présenta pour l'acquérir. Le marché allait se conclure lorsque le vendeur prévint honnêtement qu'il se réservait un magnifique abricotier qui couvrait un des pignons de cette maison, et l'acquéreur riposta en diminuant cinquante francs du prix qu'il avait offert. Le notaire, fort étonné de cette lubie, demanda au pauvre homme ce qu'il comptait faire de cet arbre, trop gros pour être transplanté. — Je veux l'abattre, répondit-il, d'une voix sourde, c'étaient les fruits favoris de mon petit Jacques, et j'aime mieux perdre cinquante francs que de savoir qu'ils seront cueillis par d'autres. — Egoïsme et folie, diront les esprits positifs, mais la douleur comme l'amour a droit de ne pas raisonner comme tout le monde.

IV

Chasse et pêche

La ponte des poules faisanes est à peu près complète dans les premiers jours de mai. Dans les bois des environs de Paris, il est d'usage de lâcher les poules après la clôture de la chasse, pour combler les vides de la population faisandière, et la plupart du temps, on se dispense de leur adjoindre des coqs, parce que l'on est convaincu que, si peu qu'il en reste, il en viendra des alentours. C'est oublier — nous l'avons dit déjà, — que le faisan est un oiseau polygame et que dans ce monde-là ce sont les dames qui ont à se mettre en frais de galanterie vis-à-vis des messieurs. Il résulte donc de ce renversement, non désagréable, de la coutume que ce seront vos poules qui s'en iront en conquête dans les taillis du voisin, s'il est mieux fourni que vous en représentants du sexe superbe.

Les biches, les chevrettes, les femelles du chamois font leurs petits du 15 avril au 15 mai; les jeunes biches ne faonnent guère avant le milieu de juin ; c'est également en avril que renardeaux, louveteaux et marcassins viennent au monde. Il y a déjà de jeunes levrauts en avril, et l'on rencontre cependant encore des hases pleines. Abstenez-vous de fureter à dater du 15 de ce dernier mois, non seulement pour ne pas renouveler sans profit le massacre des innocents, mais parce que Coco ou Coquette, douillettement couché sur le cadavre du lapereau qu'il vient d'égorger, vous laisserait vous égosiller à la gueule du terrier, jusqu'à ce qu'il ait terminé le somme auquel on a droit quand on est repu.

Le passage des bécassines est à peu près terminé vers le milieu d'avril ; les canards sauvages sont à l'œuvre pour vous fournir des halbrans quand viendra le mois d'août. Les pluviers dorés ont terminé leurs allées et venues, un vol définitif les a ramenés vers les contrées septentrionales où ils vont pondre. Les passages et les arrivées des migrateurs sont incessants. Les ortolans, retour d'Italie, sont arrivés dans le Midi ; les mauvis, après un séjour d'un mois environ, ainsi que les litornes, gagnent le Nord, mais en laissant chez nous quelques représentants qui y nicheront. Les vanneaux, les courlis, les judelles, les poules d'eau font de même, beaucoup traversent, d'autres s'apparient et s'établissent dans nos prairies, sur nos grèves et dans nos étangs. Les chevaliers guignettes, les culs-blancs de

rivière reparaissent également. Les combattants font étape en Picardie, où leur séjour est
d'un mois environ. Le merle à plastron passe
pendant quinze ou vingt jours en Normandie,
où se montre également le gobe-mouche noir
à collier. Les mâles des fauvettes noires et des
fauvettes blanches à dos noir sont arrivés dans
le commencement du dernier mois, précédant
leurs femelles de quelques jours. La petite fauvette à poitrine jaune, la huppe, le torcol, le
coucou, figurent encore parmi les débarqués.
Le passage des cailles, commencé le 15 avril, se
prolonge ordinairement jusqu'au 15 mai; comme
si elles avaient conscience de l'effrayante consommation que nous faisons de leur espèce,
les pauvrettes n'auront pas plutôt pris terre
qu'elles s'inquiéteront de leur ponte.

Le clan des sédentaires est au travail, les
oiseaux de proie diurnes et nocturnes, les geais,
les pies, les corbeaux, les freux sont, en ce mois
de mai, en pleine période de couvaison. Le
merle diligent est en avance sur tous les autres;
dès la fin d'avril, son chant matinal saluait
joyeusement l'éclosion de ses enfants.

JUIN

—

I

**Soirées en plein air. — Promenades.
Travaux.**

Il y a déjà plus d'un mois que Paris connaît
ces soirées en plein air, où le contraste d'une
journée brûlante fait si vivement apprécier la
fraîcheur relative du crépuscule.

Cette sieste crépusculaire est un des grands
charmes de la vie des champs ; pour un
solitaire, dans cette atmosphère embaumée
par l'arôme des foins coupés, même lorsqu'au lieu des mélodies du chantre des nuits
on n'a plus d'autre musique que le cri mélancolique du crapaud, notes cristallines, se
succédant avec une douceur si pénétrante
qu'elles semblent dire les reproches du proscrit, — il est singulièrement agréable de

s'abandonner à cette rêverie, où l'on pense à tout en ne pensant à rien, sommeil éveillé dans lequel le regard incertain voyage des dentelures des frondaisons, se détachant en noir sur le clair-obscur de l'horizon, à cette poussière d'étoiles qui fait du ciel le nimbe éblouissant de notre terre.

Cette flânerie assise devant le perron, dans quelque coin du jardin, est encore plus propice aux causeries ; les demi-ténèbres qui les couvrent y font régner un certain abandon ; la pensée se livre avec moins de réticences, le cœur avec plus de sincérité, la gaieté ne se croit pas obligée de recourir aux sourdines. On demandait à une femme du monde de raconter une historiette un peu légère dont une de ses connaissances avait été l'héroïne : — Non, répondait-elle en riant, je conserve ça pour nos soirées de X... A tâtons, on pourra, du moins, supposer que j'ai rougi.

Cependant, la plaine est superbe ; les seigles commencent à pâlir sur leurs tiges allongées dont la nappe ondule ou frissonne au moindre vent ; les avoines ont dégaîné leurs grappes élégantes et les blés drus et serrés fournissent à la tonalité profonde de cette mer verdoyante ; sa parure florale a momentanément disparu ; les trèfles incarnats, les fleurettes discrètes de la luzerne, les sainfoins d'un si beau rose, tout cela est devenu fourrage. Bien que le décor dégarni de ses larges zones d'enluminures se trouve réduit comme ornementation aux bluets et aux coquelicots — ici nous disons des « côs », exactement comme lorsque nous parlons des sultans de la basse-cour — la traversée de cette plaine n'en est pas moins très pittoresque.

On chemine entre deux murailles compactes de tiges frêles ; la tête seule du voyageur les domine, et, perdu dans cette immensité, ce n'est que par intervalles, en arrivant sur quelque mamelon, qu'il entrevoit quelque clocher émergeant comme un mât de vaisseau de cet océan d'épis sur lequel la rosée du matin a étendu une sorte de vernis d'un blanc velouté ; les bruits humains n'arrivent plus à lui ; il n'entend que la chansonnette de l'alouette joyeuse, envoyant du haut des airs son hymne au soleil, et le cri aigu de la caille amoureuse dominant l'assourdissant concert des cigales et des grillons.

Ce serait le désert si tout ne lui parlait pas de l'homme, ne lui rappelait pas que son labeur a suffi à féconder cette terre, si cette végétation luxuriante ne lui représentait pas la vie des travailleurs qui l'ont créée et le pain d'un grand peuple.

Hygiéniques sans contredit, ces courses à travers la plaine ont encore cela de salutaire qu'elles vous inspirent pour l'agriculture, le respect auquel elle a tant de droits, et vous vous étonnez que l'humanité peu sage n'ait pas gardé le premier rang dans sa hiérarchie sociale à la nourricière.

La fenaison est le grand travail du mois de juin. C'est également, en juin, que l'on coupe la navette et les colzas d'hiver dont les battages s'exécutent sur place, sur une bâche. La tonte des moutons doit être encore effectuée à cette époque. Dans les vignes, on rechausse les ceps en rejetant sur leurs pieds la terre que l'on avait accumulée entre les lignes ; on finit d'accoler les sarments et on commence à ébourgeonner.

II

La Fenaison

La fenaison est le grand travail du mois de
juin; elle est ordinairement la plus facile, la
plus pittoresque et la plus joyeuse des récoltes;
premier don, étrenne de l'année nouvelle, elle
sert d'encourageant prélude aux vrais labeurs,
qu'il faudra accomplir sous le rude soleil d'août.
La température est modérée, le travail aussi.
Tout est souriant dans le tableau : les tapis
verdoyants que l'on foule, le paysage avec ses
encadrements de peupliers et de saules aux
feuilles grisâtres, le ruisseau qui jase à travers
les joncs, et les acteurs de la scène qui, jeunes
et vieux, filles et garçons, rivalisent d'ardeur
et de gaieté. On dirait que les balsamiques senteurs du foin coupé communiquent à ces braves
gens une ivresse douce comme elles. Le faucheur a entonné quelque chanson de village au
rythme lent, mélancolique, presque plaintif, —
la note vraie du fouilleur de terre, — et l'herbe
tombe en cadence sous la lame grinçante qui
forme l'andain; dans l'escadron des faneuses

aux bras nus, chaque coup de fourche ou de rateau s'accompagne de quelque propos que suivent des fusées d'éclats de rire. Cela ressemble à une de ces scènes que Watteau aimait à peindre et M. de Florian à décrire.

Si le pittoresque de la fenaison ne laisse rien à désirer, son côté positif, en revanche, n'est pas toujours aussi satisfaisant. Il est peu, bien peu de nos prairies naturelles dont le rendement ne soit pas au-dessous de ce qu'il devrait être. Sans doute, la culture des céréales, celle des racines ont bien des progrès à réaliser, mais, en ce qui concerne les prairies, tout est à faire.

En dehors de certaines exploitations de premier ordre, elles sont de la part du cultivateur l'objet d'une parfaite indifférence. Sous prétexte qu'elles produisent quand même, peu ou prou, rarement il se soucie de leur rendre quelque chose de ce qu'il leur prend. J'en vois tous les jours qui, depuis vingt ans, n'ont jamais reçu d'autres fumures que les déjections de quelques bestiaux qui les paissent après l'enlèvement des graines, c'est-à-dire pendant une période variant d'un mois à six semaines, et leurs maîtres ont la naïveté ou le front de s'étonner que la récolte en ait baissé, ils s'en prendront aux intempéries, ils accuseront l'appauvrissement du sol, sans paraître se douter que la décadence est de leur fait.

On a l'eau sous la main, une rivière traverse

la vallée; personne ne songe à en profiter pour se ménager un système d'irrigation à l'aide duquel on pourrait, pendant l'hiver, obvier, dans une certaine mesure, à l'absence d'amendements, et qui, dans les années de sécheresse, permettrait de doubler la production.

Il est juste d'ajouter que si ce pré est bas et marécageux, on ne se soucie pas davantage de le drainer. Il y a, en France, des milliers d'excellentes soles de prairies où l'on ne fauche rigoureusement qu'un foin de roseaux et de prêle, auquel les animaux les plus affamés ne se décident pas à porter la dent, et qu'on est réduit à employer comme litières.

Ces malheureux prés, si par hasard on se décide à les retourner, c'est toujours la routine qui préside à leur reconstitution, ce qui fait qu'ils ne se modifient guère. On les ensemence à l'aide d'une poussière de greniers achetée économiquement au magasin à fourrages, sans s'inquiéter, si peu que ce soit, de la nature des plantes qui auront fourni ces graines. Or, il s'en faut de beaucoup que toutes conviennent indifféremment à tous les terrains.

Voici un tableau succinct des plantes fourragères à propager, suivant la position et la qualité du sol.

Dans les terrains légers, sablonneux, mais humides, aux bords des ruisseaux et des rivières, semer la fléole des prés, le paturin aquatique, la fétuque flottante, le vulpin géniculé,

l'agrostis traçante; conserver les consoudes qui
y végètent naturellement; extirper la reine des
prés, les salicaires, les épilobes. Dans les terrains tourbeux ou argileux, non mouillés, mais
à sous-sol frais et humide, semer l'ivraie vivace,
les ray-grass anglais et d'Italie, le paturin commun, la canche gazonnante, la fétuque des prés,
la fléole noueuse, le vulpin des prés, auxquels
on ajoute, dans le cas où ces prés devraient
être soumis au pâturage, la lupuline, la vesce à
épis, le trèfle des prés, le lotier corniculé, la
gesse des prés, dont la floraison tardive ne
coïnciderait pas avec celle des premiers de ces
végétaux.

C'est une erreur de croire qu'on ne peut avoir
de prairies ailleurs que dans les vallées et les
terres humides. On peut obtenir d'excellents
fourrages à une certaine altitude; ils sont toujours plus savoureux, plus parfumés, plus re-
cherchés du bétail. Ces prairies sèches se sèment
de canche des montagnes, de flouve odorante,
de houlque laineuse, de dactyle, d'avoine pu-
bescente, de paturin des bois, d'avoine des prés,
de brome des prés, d'agrostide commune. Si
ces prés ne doivent pas être fauchés, mais
broutés, on y adjoint la gesse tubéreuse, la
jacée, la pimprenelle, la vesce à épis et le trèfle
blanc, qui seraient également en retard sur la
floraison des gramens, et ne pourraient être
coupés avec eux.

Revenons à la fenaison. L'essentiel c'est

qu'elle soit entreprise à point, c'est-à-dire au moment précis où la majorité des plantes qui formeront le foin, après avoir développé toutes ses feuilles, ouvre aussi toutes ses fleurs, parce que c'est alors que ces plantes possèdent, aussi également répartis que possible dans toutes leurs parties, les principes alimentaires qui servent à la nutrition de l'animal. Coupée trop tôt, l'herbe renferme en excès l'eau de végétation; trop tard, la vie végétale s'étant concentrée dans le travail de la fructification, elle se dessèche, et ses tiges, dures et ligneuses, deviennent cassantes.

« Le moment de faucher une prairie, a dit M. de Dombasle, est celui où les plantes qui abondent le plus et qui produisent le meilleur fourrage sont en pleine floraison. Quelques jours de retard amènent une différence considérable dans la qualité du fourrage, car toute plante dont la graine est arrivée à maturité ne produit qu'un foin dur, peu savoureux, peu nourrissant pour le bétail, et les meilleures plantes des prairies, les graminées les plus précieuses, passent avec une rapidité étonnante de la floraison à la maturité. » Ce conseil de l'illustre agronome est bon à citer à nos cultivateurs, généralement trop enclins aux fauchaisons tardives.

L'herbe abattue, survient la question très importante du fanage. Un écrivain qui est une autorité en matière de zootechnie, M. Eugène

Gayot, a fait remarquer, avec raison, que le foin devrait être autre chose que de l'herbe desséchée; que l'objet du fanage devrait être de soustraire la plus forte partie de l'eau de végétation contenue dans les plantes tendres et herbacées que l'on convertit en fourrage; mais que cette opération était malheureusement pratiquée au hasard, suivant des errements qu'on ne sait pas modifier avec opportunité, et, enfin, qu'il était regrettable que la chimie n'eût pas encore indiqué à la pratique le genre de manipulations auxquelles elle devait soumettre, suivant la température et le lieu, les herbes qu'il s'agit de convertir en foin.

« Le fanage, dit encore M. de Dombasle, exige un grand nombre de bras. Ici, l'économie de quelques journées serait fort mal entendue; il est nécessaire d'avoir, en quelque sorte, une surabondance d'ouvriers; car, il arrive très souvent, dans les saisons où le temps n'est pas parfaitement beau, que le salut de la récolte, ou du moins sa bonne qualité, dépendent de la promptitude avec laquelle se fait la manœuvre, soit pour étendre et retourner le foin, lorsque le soleil se montre, soit pour le mettre en tas à l'approche de la pluie. Il est fort important que le foin soit sec quand on le serre; il ne l'est pas moins qu'il ne le soit pas trop. Quelques heures d'exposition au soleil, lorsque le foin est suffisamment sec, lui ôtent une grande partie de son parfum et de ses bonnes qualités. »

Des procédés différents de fanage ont été décrits par Barral, Crud, Puvis, etc. En Allemagne, on emploie assez fréquemment la méthode de Klappmeyer, qui donne le foin brun, c'est-à-dire un foin soumis à une certaine fermentation. Elle consiste à placer l'herbe en grosses meules dès le lendemain du jour où elle a été abattue, en la tassant, en la foulant aussi régulièrement que possible. Lorsque la chaleur qui se développe est assez intense pour qu'on ne puisse plus tenir la main dans l'intérieur de la meule, on les démonte immédiatement, quelque temps qu'il fasse; on fait sécher le foin et on rentre.

III

Pluie d'été

Après quelque sécheresse, quelques journées de chaleur torride, les végétaux sont dans un état d'alanguissement qui semble un prélude d'agonie. Nos arrosages, nécessairement parcimonieux, soulagent un instant le patient, mais sans le vivifier; ils sont la goutte d'eau qui rafraîchit les lèvres, sans éteindre le feu des entrailles; la terre brûlante des alentours aspire avidement le mince filet de liquide dont vous avez fait l'aumône aux racines; ce qui subsiste d'humidité s'évapore rapidement aux premiers rayons d'un soleil dévorant; la soif de la plante rafraîchie n'en devient que plus intense; elle reprend son attitude et sa physionomie dolentes : les tiges amollies ne pouvant plus soutenir le poids de leurs fleurs, celles-ci s'inclinent tristement vers la terre, les feuilles ternies pendent sur leurs pétioles, et, sous les bouffées suffocantes qui, passant par intervalles dans l'atmosphère, semblent envoyées par le foyer d'une fournaise, la détresse végétale devient de plus en plus lamentable.

Le secours, c'est le nuage noir montant à l'horizon qui l'apporte. Ses procédés sont quelque peu brutaux. Si les plantes en perdition s'impressionnent médiocrement des éclairs et des fracas de tonnerre dont s'accompagne leur sauvetage, elles ne s'en tirent pas sans être au moins rudement secouées; mais les torrents d'eau tiédie qui descendent sur la terre altérée compensent largement ces menus désagréments; la nuée s'éloigne, le ciel recouvre sa sérénité, le calme est revenu et la transformation est accomplie. Cette nuée, elle a représenté pour ces malades du parterre ou du potager une véritable fontaine de Jouvence, elle leur a rendu la jeunesse, la force, l'éclat et le parfum; tiges, feuilles, thyrses, calices, corolles, tout s'est redressé, tout a recouvré sa grâce et la vivacité du coloris encore avivé par les perles humides qui s'échappent goutte à goutte de chaque pétale, de chaque feuille; en même temps, se mêlant à l'odeur fade de la terre humectée, les senteurs pénétrantes, qui sont la voix des fleurs, remplissent de nouveau l'atmosphère, comme pour célébrer la résurrection.

Il est fort douteux que la manne qui vint renforcer le garde-manger du peuple de Dieu dans le désert ait été accueillie avec plus de satisfaction que ces bienfaisantes averses. Le mot de circonstance : Ce sont des pièces de cent sous qui tombent, n'est peut-être jamais ni plus répété ni mieux justifié. Après cela, par le temps agricole qui court, peut-être ne sont-elles que de quarante sous ; mais, avec les dictons, il ne faut jamais y regarder de trop près.

La pluie est une de ces menues contrariétés qui troublent momentanément notre quiétude, pour en faire plus vivement apprécier les charmes. Elle est triste à voir tomber, même sous l'image que lui assigne l'imagination rustique : un ciel gris, sombre comme la voûte d'une église, un défilé de nuages échevelés, les grands peupliers ondulants, les cimes feuillues se tordant, avec les sifflements du vent, les grésillements des gouttes sur les vitres pour musique, ne sont point faits pour rendre folâtre le campagnard, même s'il consacre ses loisirs forcés à escompter les résultats de ces heures d'ennui.

Mais aussi que d'agréables surprises lorsque le ciel a exprimé les dernières gouttes de ses éponges ! C'est un véritablement changement à vue qui s'est opéré dans le paysage ; vous l'aviez laissé souffreteux, alangui, éploré ; vous le retrouvez régénéré, puissant, triomphant : la tonalité de la prairie est devenue plus intense ; tiges et rameaux se sont redressés ; dans les premiers instants qui suivent la satisfaction de la soif, l'œuvre de végétation devient chez eux presque tangible ; les feuilles humides affectent un éclat inaccoutumé, et, de la terre enfin abreuvée, monte une buée tiède dont tout ce qui tient à elle semble s'enivrer.

C'est surtout dans les dessous forestiers, sur la flore des bois, que cette résurrection presque instantanée est d'un effet saisissant; le spectacle vaut la peine que l'on affronte le contact des grandes fougères restées ruisselantes; les jouissances qu'il réserve, ce n'est point les acheter trop cher que de les payer d'un demi-bain.

IV

Chasse et pêche

Ce mois est celui où les hôtes des bois, ceux de la plaine, et le peuple écaillé des rivières doit se croire revenu au temps bienheureux de l'âge d'or. La trêve est générale et complète, bien que pour les derniers elle ne doive pas être prolongée. Plus d'embûches à craindre, plus d'engins perfides à redouter, plus d'apparitions terrifiantes sous la forme d'un braque, d'un épagneul dilatant leurs narines, plus de ces périls de mort surgissant à chaque pas que hasarde le lapin et son compère, la perdrix et le faisan.

A cette heure bénie, ils sont si rarement troublés dans la possession du domaine qu'ils peuvent s'en croire les maîtres après Dieu, comme on dit dans la langue maritime. Cet être, né pour le malheur de tous les autres êtres, ce tyran cruel, ce massacreur d'innocents qu'on appelle l'homme a si bien déserté les champs que c'est à peine si, de loin en loin, la population du poil et de la plume entrevoit sa silhouette maussade.

Quelle joie pour des infortunés si misérablement traqués pendant une longue succession de mois! Quelles réflexions peut bien leur suggérer une paix aussi inexplicable qu'elle a été soudaine? La perdrix en fait probablement les honneurs à l'abri que la végétation printanière lui a ménagé; le lièvre naïf se figure peut-être que la tristesse de sa destinée a fini par désarmer ses bourreaux, et le lapin, chez lequel on surprend aisément une certaine tendance à la présomption, doit supposer que son attitude héroïque a donné à réfléchir à Ramoneau. Conservez ces illusions, pauvre petit monde, et jouissez-en tout votre saoûl; le réveil ne viendra que trop tôt.

Malheureusement, si l'espèce humaine le laisse à peu près tranquille, le ciel apporte parfois à contrecarrer ses jouissances du moment, celles de la maternité, un singulier acharnement. La pluie, quand elle se prolonge, noie les nids dans le sillon, et ces réductions de déluge mettent à sac les rabouillères.

Quoique moins maltraités que les coureurs, les oiseaux percheurs souffrent également d'une température inclémente; tous sont à l'œuvre, indigènes et nomades, car tous les voyageurs sont arrivés, l'hôtellerie est au complet, c'est à peine s'il y reste une branche à donner; juin est le grand mois de la multiplication.

Mais alors elle s'accomplira tristement, sous un ciel sombre et gris, sans un rayon pour illuminer cette fête, aux frissonnements du buisson secoué par une rafale attardée, au cliquetis monotone des gouttes d'eau fouettant les feuilles et rejaillissant sur ce berceau où la couveuse, le plumage gonflé, les ailes à demi-étendues, s'efforce de préserver ses petits ou ses œufs de leur invasion.

On n'en chante pas moins sous la feuillée; le rhythme n'est peut-être pas aussi alerte, l'accent aussi joyeux que lorsque le soleil, trouant le massif, vient caresser le virtuose; mais l'amour reste l'amour, même quand il pleut, et ce n'est pas parce que l'on grelotte qu'il faut manquer de le célébrer. Ces concerts dureront tout le mois. Le héros du renouveau, le coucou, se taira le premier; d'autres migrateurs après lui, à mesure que finira pour eux l'enivrante période des noces et de la nourricerie. Quelques-uns se feront entendre jusquà la mi-juillet : le bruant, le chardonneret, le roitelet, le rossignol et la fauvette des roseaux.

Les cerfs refont leur tête. Les daguets muent en juin, mais les anciens, les vétérans, les gros cerfs en sont à ce que la vénerie appelle leur refait; ils auront mis bas vers la fin, au lieu du commencement de février, parce que ce phénomène retarde lorsque la température est rigoureuse. Ainsi désarmé, l'animal a le sentiment de sa faiblesse, peut-être quelque honte d'avoir

perdu le superbe ornement de sa tête. Il abandonne son harpail, délaisse ses biches elles-
mêmes, s'isole de ses semblables ; il se réfugie
dans les taillis clairs, où il marchera la tête
basse pour éviter les chocs dont cette singulière végétation souffrirait.

Ce n'est pas une des moindres curiosités de
cette étrange mue ; tant que dure cette période
du refait, tant que le cerf n'aura pas touché au
bois, comme on dit, ces merrains veloutés dans
lequel le sang afflue sont d'une extrême sensi-
bilité. En ce mois de juin, l'œuvre de la régénération de la tête est à moitié faite chez les gros
cerfs et les dix-cors ; l'empaumure se dénoue,
s'ouvre en forme de main, et vers la fin du mois
les andouillers de l'empaumure, qui représentent les doigts de cette sorte de main, commenceront à se dessiner. Les biches et les chevrettes qui n'ont pas faonné dans la dernière quinzaine de mai mettent bas dans les premiers
jours de juin; vers le 15, le nouveau contingent
de la population forestière sera complet; le
lièvre et le lapin seuls lui fourniront quelques
renforts.

Nécessairement, tous les soucis du propriétaire doivent aujourd'hui se concentrer sur la
conservation. Il est encore temps de se débarrasser des renards par le procédé que nous
avons indiqué : oisillon, ou mieux encore taupe
assaisonnée d'une pincée de strychnine. Si le
convive qui se sera rendu à votre invitation ap-

partenait au sexe faible de l'espèce, comme il
est probable que sa progéniture ne saurait se
passer de ses soins, ne négligez pas de vous
placer à l'affût sur le terrier où, très probablement, vous trouverez l'occasion de fusiller ces
peu intéressants orphelins. C'est abominable ;
mais l'âge, pas plus que le sexe, n'est respectable chez les scélérats.

Si vous avez des étangs, donnez un coup
d'œil à vos nichées de halbrans qui, suivant la
tradition des palmipèdes, naviguent déjà dans
les roseaux de conserve avec leur maman. Les
oiseaux de proie sont aussi friands de halbrans
que vous pouvez l'être, et vous aurez en eux de
terribles concurrents. Enfin, lorsque des nids de
perdrix sont mis à découvert dans les prairies
artificielles, faites couver les œufs par une
poule. Tous ne viendront pas à bien, mais il n'y
a pas jusqu'aux miettes qui n'aient leur prix
quand la disette est dans l'air.

La pêche ouvre le 15 juin. Il arrive souvent
que le frai soit en retard. Ce n'est pas seulement
la tanche, la moins hâtée d'ordinaire, ce sont la
carpe, le goujon, l'ablette, le gardon qui hésitent à s'engager dans ce qu'il nous faut appeler les doux liens de l'hyménée. Ce qui se passe
alors, le voici : l'administration ayant exactement lâché tout à cette date fatidique, la fraction
intéressante des disciples de saint Pierre, les
pêcheurs à la ligne, auront beau pratiquer les
amorces les plus tentatrices, ils les relèveront

dans un état de virginité qui ne peut manquer de les rendre mélancoliques ; le poisson qui fraye, celui qui vient de frayer depuis peu de jours, ne mangent pas.

Les écumeurs de rivière, au contraire, ayant soigneusement surveillé toutes les péripéties matrimoniales des habitants des eaux, tendront quelques filets où ils les verront se réunir et se livrer à la contredanse échevelée qui caractérise les noces chez le peuple écaillé comme chez nous. Ils en ramasseront de pleins paniers. Ces poissons amaigris, à la fibre amollie, représenteront un régal aussi modeste que peu hygiénique ; mais la sauce les ayant fait manger comme tant d'autres, ils figureront sur la carte, ce qui est le principal pour le pseudo-braconnier et le restaurateur son complice. La satisfaction de ces deux honorables industriels, voilà le résultat le plus clair des ouvertures *à l'aveuglette*.

JUILLET

I

Juillet en Beauce

Les immenses plaines du plateau Beauceron sont en ce mois dans toute leur gloire ; c'est l'heure où leur physionomie affecte son caractère spécial, monotone sans doute, mais non pas sans grandeur. On en juge mal, lorsqu'elles se déroulent comme la toile d'un géorama devant la portière du train qui vous emporte à toute vapeur ; pour en apprécier le charme, pour en goûter la poésie, il faut suivre un des sentiers poudreux qui sillonnent ces plaines ; perdu entre les haies de chaumes diaprées de coquelicots et de bluets, on n'aperçoit, lorsqu'une dépression du terrain permet au regard de s'étendre, qu'un océan d'épis ondulants qui va jusqu'à l'horizon. Tous les bruits humains se sont tus : on ne perçoit plus que les cris aigres des grillons et des cigales, et de temps en temps le trille alerte de l'alouette veillant, dans la voûte bleue, sur sa nichée qui court dans le sillon.

On subit alors une impression reproduisant exactement celle que l'on éprouve en s'enfonçant dans une forêt, impression mixte qui se traduit à la fois par une appréhension indéfinie, une vague mélancolie et par l'âpre sensation de volupté qui s'attache aux premiers pas hasardés dans la solitude. Il y a, cependant, une dissemblance dans l'effet produit : dans la forêt, les accidents pittoresques, l'affirmation grandiose de la puissance de la nature rapetissent, écrasent l'homme qui les contemple : il se sent pygmée; dans cette steppe fertilisée, au contraire, on ne peut s'empêcher de mettre la faiblesse humaine en regard de cette mer de moissons, et en songeant que c'est le pygmée qui a fécondé cette immensité, un légitime orgueil vous fait relever la tête, c'est d'un pas plus ferme et plus fort que l'on poursuit son chemin.

II

Travaux préparatoires. — Machines moissonneuses.

Nous voici à l'heure recueillie, presque solennelle, qui précède celle de la bataille. Elle est déjà le thème ordinaire des causeries villageoises, et l'agitation, non seulement de la rue, mais de chaque chaumière, les bruits caractéristiques, qui font résonner les échos de la vallée, indiquent avec quelle ardeur chacun s'y prépare.

Le charron, le bourrelier, ne pouvant satisfaire aux exigences de leurs clients, sont aux abois : depuis le matin jusqu'au soir, le marteau du maréchal frappe en cadence sur son enclume : ceci, au profit des gros fermiers; car, notre menu monde suffit au soin d'apprêter ses armes et son fourniment. Celui-ci, assis devant sa porte, bat sa faux à coups redoublés; celui-là en renouvelle les *playons;* un autre ajuste des dents à ses rateaux.

Les femmes prennent une part, peut-être plus active encore, à ces significatifs préludes. Le linge sèche sur tous les buissons des alentours, le lavoir communal est envahi ; la lessive est de rigueur pour tous les ménages; car, on sera deux longs mois sans avoir le temps d'y penser ; et puis, il faut rapiécer laborieusement, renforcer judicieusement les pauvres nippes qui, avec le moissonneur, vont s'en aller à la fatigue.

En même temps, les routes sont sillonnées par les longues files des volontaires que les pays des petites cultures prêtent aux plaines où les bras ne se trouvent pas en proportion des trésors à engranger. Ils arrivent par petites escouades, déjà bronzés, tout poudreux : les uns ont au dos un vieux sac de soldat, le plus souvent un mouchoir suffit à contenir tout leur bagage que complète l'arme, la faux démontée et presque coquettement entortillée de quelques tresses de paille. Ils s'arrêtent, ils bivouaquent sur quelque place de la ville, déjeunant sobrement de quelque morceau de pain noir, en attendant le chaland, le fermier qui débattra longuement avec eux le prix du labeur de l'août, prix assez rémunérateur pour que le petit pécule du moissonneur l'aide à faire face aux chômages de la saison rigoureuse.

Le blé se coupe à la faucille, à la sape et à la faux. La faucille peut être maniée par tout le monde, même par les enfants ; elle donne un bon travail ; la céréale ainsi coupée est peu égrenée et facile à battre. Mais cette méthode est trop lente pour les grandes cultures, un faucilleur vigoureux ne pouvant abattre que quinze à dix-huit ares dans sa journée.

La sape, qui s'emploie toujours pour les blés versés, est plus expéditive : un sapeur sans aide peut dégarnir près de trente ares par jour.

La faux fait mieux encore : un faucheur et sa ramasseuse expédient cinquante ares dans leur journée.

Les salaires, presque toujours payés à la tâche, varient entre 30 et 50 francs par hectare.

Quoique bien lentes à s'implanter dans nos régions, les machines finiront cependant très certainement par remplacer la coupe à bras d'homme; car, si elles vont incomparablement plus vite, elles travaillent aussi beaucoup plus économiquement. La faux classique se démodera de plus en plus ; la faucille et la sape survivront seules pour les fauchaisons difficiles.

L'usage des moissonneuses n'est pas aussi moderne que généralement on le suppose, et et nous serions d'autant mieux fondés à ne pas en répudier l'emploi, que ce sont précisément nos ancêtres qui, les premiers, ont conçu l'idée de cette ingénieuse machine. Pline et Palladius le constatent : celui-ci décrit la moissonneuse gauloise, un peu moins compliquée que ses héritières sans doute, mais n'en remplissant pas moins le but que devaient se proposer des gens assez riches en fourrages pour dédaigner l'emploi de la paille. C'était une boîte rectangulaire, munie d'un brancard et montée sur deux roues pleines, qui était poussée par un bœuf. L'arête antérieure de cette gigantesque brouette se terminait par un régime de dents en fer aiguisées qui, lorsqu'on faisait avancer la machine, sciaient ou arrachaient les épis, lesquels tombaient dans la boîte. La paille se coupait, sans doute, ensuite avec la faucille, ou, plus vraisemblablement encore, on la brûlait, suivant la méthode expéditive des laboureurs primitifs.

Nous n'en aurions pas fini aussi vite, et nous nous ferions probablement moins bien comprendre si nous élevions la prétention de vous décrire les chefs-d'œuvre de mécanisme que le génie moderne met à la disposition des cultivateurs. Nous nous bornerons donc à vous dire que ce fut en 1800, lorsque l'agriculture de l'Angleterre se trouva dépourvue de bras par l'émigration irlandaise, qu'un mécanicien nommé Boyce construisit la première machine à couper les céréales, et qui consistait en une série de faux tournant horizontalement autour d'un axe vertical.

Ce premier essai ne réussit guère, mais l'idée était lancée, elle fit son chemin. De perfectionnements en perfectionnements, on arriva aux nombreux et admirables engins dont le travail rapide et parfait permet de réaliser cette importante opération avec une économie notable.

Une moissonneuse de petit modèle dégarnit, en deux heures de travail, 2 hectares 50 ares, au prix de revient, amortissement compris, de 9 fr. 20 par hectare. Une grande moissonneuse n'expédie pas moins de 4 hectares dans le même laps de temps, et le prix de revient s'abaisse à 7 francs par hectare.

III

Récoltes

La physionomie du village est en cette saison caractéristique. Tant que le soleil restera sur l'horizon, les portes, les volets de toutes les chaumières demeurent clos ; la forge est muette, le charron a déserté son atelier ; les échoppes des petits artisans, les boutiques des épiciers, quelques cabarets eux-mêmes sont fermés.

Il semble que la vie se soit retirée de cette modeste agglomération humaine ; n'étaient les poules qui glanent sur la route poudreuse, les canards qui barbotent dans quelque flaque d'eau verdâtre s'irisant aux rayons du soleil, le bourg aurait un aspect de nécropole. C'est à peine si, de loin en loin, une femme, un enfant, tenant à la main un torchon dans lequel est suspendu une terrine dont on devine la forme, traverse la rue d'un pas hâté, et se glissant dans un des étroits passages qui conduisent à la plaine, disparaît comme un fantôme.

Tant que durera la récolte, ce ne sera que le soir, ce ne sera que le matin, que ce village recouvrera quelque chose de son mouvement, de ses tumultes, et encore! On part avant l'aube, trop impatient d'être rendu au champ d'œuvre pour perdre son temps en vains propos ; on rentre bien longtemps après le coucher du soleil, et la fatigue est si grande que l'on ne saurait songer à autre chose qu'au repos.

La moisson, cause de cette émigration momentanée, inspire toujours un sentiment voisin de l'admiration à celui qui en suit attentivement toutes les péripéties. La tâche est immense pour le petit laboureur qui, seul, s'attaquera à son champ, comme pour le fermier qui pousse son petit peloton de travailleurs contre un océan d'épis ; d'autant plus immense, qu'une des conditions de son succès, c'est qu'elle soit rapide. La récolte est toujours une conquête que les éléments disputent âprement à celui qui a semé, jusqu'à l'heure où le blé entre dans la grange, et qui ne se réalise qu'à force d'énergie, de patience, de persévérance et aussi d'heureuses inspirations.

La petite culture a, quand il s'agit de recueillir, un avantage marqué sur la grande : elle n'a point à lutter contre l'indifférence et le mauvais vouloir du travail mercenaire. Agissant sur des parcelles de médiocre étendue, elle peut prodiguer à leurs produits des soins de tous les instants. Si le hâle menace d'égrener les céréales, elle coupera pendant la nuit et prendra son repos dans la journée ; si ses javelles sont mouillées, elle les tournera, les retournera dix fois s'il le faut ; au besoin elle rentre à moitié sec, et profite de la première embellie pour sortir ses gerbes et les exposer au soleil devant la maison.

Les grosses fermes, où la saison des céréales est quelquefois de cinquante et jusqu'à cent hectares, ne sauraient user de ces ressources. Pour elles, le succès repose sur le nombre de bras qu'elle peut engager dans l'action : tout retard, soit à battre, soit à sécher, soit à rentrer, lui représente une perte. Aussi, dans les exploitations importantes, ne doit-on pas hésiter à recruter un nombre d'hommes un peu supérieur à celui qui est strictement nécessaire, surtout à avoir ses attelées au complet et à ne pas leur ménager l'avoine.

Les seigles, les méteils, se coupent dans la dernière quinzaine de juillet ; en Normandie, quelques avoines d'hiver sont déjà tombées. On passe ensuite à la récolte du froment, puis à celle du blé de mars. Il est de règle de moissonner ces trois céréales un peu avant leur complète maturité : c'est le moyen le plus sûr d'éviter l'égrenage.

Nous ajouterons que, l'été fût-il aussi pluvieux que celui de 1862, de diluvienne mémoire, ces intempéries ne trouvent pas le cultivateur désarmé. « Faites des moyettes, faites des moyettes ! » leur criait Victor Borie : c'est ce qu'il ne faut pas se lasser de leur répéter. La moyette est l'unique expédient qui puisse, en pareil cas, sauver la récolte. Il consiste à redresser les chaumes couchés, à en former des espèces de gerbes que l'on maintient dans une situation perpendiculaire en les attachant ensemble un peu au-dessous des épis.

Non seulement la très grande majorité des épis se trouvent préservés de l'eau que le ciel leur expédie, mais ils sont tous soustraits au contact de la terre, cause active de la germination qui consomme si souvent le désastre. Un de nos amis a imaginé de faire scier ses céréales à 12 ou 15 centimètres du sol ; les javelles reposent par conséquent sur de hautes éteules; l'air circule au-dessous comme au-dessus d'elles.

Ce procédé, excellent pour les avoines, est loin de valoir la moyette pour les blés ; il exige le sacrifice d'une notable partie de bonne paille, la plus fourragère précisement, il est infiniment moins pratique quand il s'agit de profiter d'une éclaircie pour obtenir une dessication rapide. Peut-être la confection de ces moyettes grossira-t-elle les frais de main-d'œuvre d'une dizaine de francs par hectare, mais quand il s'agit d'en sauver quatre ou cinq cents, on peut se résigner à payer cette prime à l'assurance.

IV

La Villégiature

Par les temps de villégiature enragée, si, parmi les pseudo-campagnards qui pullulent dans l'Ile-de-France, il vous arrive de rencontrer un excentrique qui a élevé à la hauteur d'une passion son goût pour quelqu'une de nos occupations rustiques, vous pouvez parier que celui-là est tout frais échappé à la galère parisienne; vous gagnerez. Les natifs sont trop blasés sur ces sortes de jouissances pour les savourer avec de tels emportements.

La toute-puissante attraction de la nouveauté n'est pas étrangère à l'enfièvrement avec lequel ces néophytes ont enfourché leur dada champêtre, quel qu'il soit; l'influence de la mode, celle de la vanité ont également figuré pour quelque chose dans ces vocations enthousiastes; cependant, cette ardeur dans la pratique ou d'un sport ou d'une science en *ture* est spéciale et particulière au Parisien qui se paysannise sur le tard.

A Paris, le désœuvrement est toujours relatif;

on pourrait même prétendre qu'il n'existe pas. Dans le cas même où l'on ne fait œuvre ni de sa pensée, ni de ses dix doigts, on est emporté dans le tourbillon du milieu agissant dans lequel on est plongé. On peut impunément rester immobile, l'action s'affirme par le mouvement des autres, elle fait plus, elle s'impose; on ne se soustrait pas plus à ces agitations que le marin aux ondulations de l'Océan sur lequel flotte le navire qui le porte.

Transplantés de ce foyer d'activité contagieuse dans quelque agreste retraite, la plupart des habitants de Paris, si sincère qu'ait été la résolution qui les y mène, tardent rarement à la voir défaillir à cette épreuve d'une solitude en flagrante opposition avec ce qui, à leurs yeux, est l'essentiel caractère de la vie, le mouvement et le bruit. Ce silence solennel les accable, ce vide de la scène les écrase; habitués à recevoir le mot d'ordre d'une initiative étrangère, ils deviennent impuissants à animer leurs personnes; ils se sentent dans la situation fantasque d'un pantin dont la main malicieuse d'un enfant a brisé les fils; ils ont des mains, ils ont des jambes, mais il y a si longtemps qu'ils se sont déchargés sur autrui du soin de leur commander, que c'est à peine s'ils se souviennent qu'ils ont le droit de s'en faire obéir. Ils tomberaient rapidement dans un spleen torpide qui les mènerait à l'anéantissement final, ils céderaient à la nostalgie du ruisseau de la rue du Bac, célébré par Mme de Staël, s'ils n'avaient pas la ressource de l'amusette.

L'*amusette*, ce sera le jardinage ou l'un de ses dérivés, l'élève des poules, la poursuite des chimériques mille écus de revenu que l'éducation des lapins ne cessera jamais de promettre à ses adeptes, quelquefois la chasse, bien plus souvent la pêche à la ligne. On s'adonne à l'amusette avec indifférence, dans le seul but de tuer quelques-unes de ces heures si lentes à passer; on s'aperçoit bientôt que, grâce à elle, on s'agite, que s'agiter c'est exister; alors, on l'embrasse, on s'y attache, on s'y cramponne avec l'angoisse désespérée du noyé soudé à la branche qui le soutient sur le gouffre. Bientôt ce qui n'était qu'une sorte de protestation des facultés vitales contre un ensevelissement anticipé, se transforme en manie, et peut même affecter tous les dehors de la passion; l'acclimatation est consommée. Jamais elle ne se serait réalisée si le sujet n'avait pas eu recours à cet expédient suprême. Quoi qu'en dise le proverbe, les vieux diables font de détestables ermites. J'en ai connu un qui, après avoir vainement essayé de la chasse, de la pêche, de l'élevage des bêtes à cornes et de la culture des tulipes, fut réduit à recourir à une réminiscence de son passé pour tromper l'ennui qui le dévorait dans cette retraite tant souhaitée.

C'était un restaurateur qui avait ramassé son petit million en rassasiant, pour 32 sols, des

estomacs très affamés. A bout de ressources,
il avait planté dans son parc un quinconce, de
ces affreux acacias-boules qui vous font toujours chercher la boîte à joujoux d'où on les a
tirés, il en avait garni le dessous des tables et
des bancs, et de temps en temps, les jours de
fête, il offrait à la jeunesse du pays un festin
dont il faisait les frais, afin d'avoir le bonheur
de se retrouver, la serviette sous le bras, veillant à la réfection de son monde. La satisfaction que lui procurait cette libéralité n'était
pourtant pas sans mélange.

— Quelle clientèle! disait-il au confident de
ses tribulations rustiques; après s'être gorgées
de pain sec, sous prétexte qu'il est blanc, les
demoiselles emportent leur gigot dans leur
poche!

Beaucoup de ces campagnards par occasion
ou par accident cherchent, dans l'étude des
sciences naturelles, un aliment pour leur activité; la géologie, l'entomologie, la botanique,
ont trouvé, aussi bien dans les vocations indigènes que parmi les déserteurs du macadam,
de nombreux disciples; la botanique surtout,
qui s'impose au promeneur à travers champs;
il commence par admirer la fleurette qu'il a dé-
couverte, perdue dans les chaumes, enfouie
dans l'herbe du bois; l'espoir d'en avoir été le
Christophe Colomb éveille sa curiosité; voulant
la connaître, il la recueille et l'emporte, et
s'aperçoit tout de suite qu'il ne jouira vraiment

de ses trouvailles que par l'étude des classifica-
tions. De là à la constitution d'un herbier, il n'y
a qu'un pas; il coûte moins cher heureusement
qu'un attirail de fermes, des serres, ou même
que le plus modeste des jardins.

Plus impressionnables, plus finement douées,
les Parisiennes sont plus accessibles au sentiment de la nature, plus susceptibles d'en savourer les jouissances, elles s'accommodent
donc plus aisément que leurs pères, que leurs
maris, d'un changement radical de l'atmosphère.
Les travaux de l'aiguille, les occupations de
l'intérieur les préservent d'ailleurs de la brutalité de la transition. S'il arrive à quelqu'une
de ces exilées de la grande ville d'affecter une
préférence pour tel ou tel accessoire de la vie
des champs, ce sera bien moins pour échapper
à son désœuvrement que pour occuper les facultés d'assimilation qui sont en elle. Toutes
les femmes sont un peu comédiennes par tempérament; rien ne leur plaît davantage que de
s'essayer aux rôles qui contrastent avec ceux
que leur position sociale leur impose.

V

Chasse et pêche

C'est dans le mois de juillet que se tirent les premiers coups de fusil de la saison. La chasse aux halbrans ouvre le premier jour du mois dans certains départements, le 15 seulement dans quelques autres qui nous semblent beaucoup mieux inspirés que les premiers. Il est bien rare qu'au 1er juillet les couvées de canards soient assez avancées pour pouvoir se mettre à l'essor et voleter au-dessus des roseaux ; comme dans leur innocence ils ont recours au plus sûr des moyens de salut dont ils disposent et se décident difficilement à quitter ces joncs où les bateaux ne peuvent pas toujours pénétrer, la chasse se métamorphose en une sorte de pêche au fusil ; les exécutants sont forcés de se mettre à l'eau quelquefois jusqu'à la ceinture, de patauger dans la vase pour arriver à canarder, le plus souvent à bout portant, un pauvre petit d'exécuté qui n'a pas encore dépouillé le duvet de son premier âge.

Quand on a rompu en visière avec l'adoles-

cence, il devient difficile de classer un tel exercice parmi les divertissements. En retardant
d'une quinzaine le massacre, on trouve, au contraire, des objectifs suffisamment emplumés
pour s'élancer dans les airs et pour se ménager
un trépas aussi honorable pour le chasseur que
pour eux-mêmes. Dans les pays d'étangs, en
Sologne et dans la Bresse, il est bien peu de nappes d'eau d'une certaine étendue qui n'aient leur
nichée de canards, surtout lorsque leurs bords
sont garnis d'une épaisse végétation aquatique;
leur nombre serait bien plus considérable si les
propriétaires se donnaient la peine de contri-
buer au développement de cette population en
lâchant, au printemps, sur leurs étangs, quelques-unes de ces femelles issues de l'espèce
sauvage que l'on élève en Picardie et qu'on se
procure aisément. L'économie rurale devrait
peut-être se soucier davantage de ces éduca-
tions libres qui, pour n'avoir coûté ni frais ni
tracas, n'en donnent pas moins leur produit.

Les bords des fleuves et des rivières parti-
cipent à ce renouveau de la chasse : les bécas-
seaux ou culs-blancs y reviennent de l'est dans
le courant du mois; si le butin remplit médiocrement une carnassière, sa poursuite n'est pas
sans agrément. C'est ordinairement le matin,
en descendant en bateau le cours de la rivière,
que l'on cherche ce joli et sautillant oiseau sur
les berges et sur les grèves; rien de plus charmant qu'une promenade à cette heure le long

des saules et des peupliers des rives, sur ces
nappes miroitantes de la surface desquelles
montent des nuages de vapeurs transparentes
et nacrées, tandis que le soleil levant — hélas !
quand soleil il y a ! — pousse des fusées d'or
en fusion sur les larges bandes brunes que la
saulaie y dessine.

C'est le moment où nos voisins exploitent
leurs *freuries;* la freurie est le bois où les freux,
des oiseaux doués d'une intéressante sociabi-
lité, se réunissent pour nicher en communauté.
Quand les jeunes freux ont quitté le nid, ils
continuent pendant quelques jours à percher
sur les arbres où furent leurs berceaux. C'est
le moment que choisissent les gentlemen et
même quelques ladies pour procéder à la chasse
de ces nourrissons. Il est telle freurie qui, ce
jour-là, devient aussi tapageuse qu'un champ
de bataille. Les détonations se croisent, se succèdent sans intervalle, le plomb fouette les
cimes sans relâche, sans relâche aussi les cadavres des freux dégringolent et viennent
s'ajouter aux cadavres. Les vieux, les pères et
les mères désespérés, je le suppose, mais encore plus terrifiés, se sont dérobés à tire d'ailes
à la catastrophe; privée de ses guides, croyant
à la fin du monde, la jeunesse se contente de
tournoyer, avec de grands cris, au-dessus de
ses repaires, et le fusil peut choisir ses victimes.
Franchement, nos voisins ont des sports que
nous leur envions plus que celui-là.

L'alouette, une mère Gigogne exemplaire, en est déjà à sa seconde couvée. Le rossignol est devenu muet. On ne l'entend pas plus la nuit que le jour; il est devenu père de famille et il sait que ses enfants préféreront le moindre vermisseau à la plus mélodieuse de ses chansons; quand il s'agissait de charmer sa compagne ou de tromper l'ennui que les jours de la couvaison avaient pour elle, à la bonne heure!

Avec des motifs bien moins honorables, le coucou, de son côté, se montre moins bavard; on ne l'entend plus guère que le matin et le soir, et à d'assez longs intervalles; le coucou a le cœur léger de tous les célibataires; le vin bu, au diable le verre! La fauvette grise cessera également de chanter à la fin du mois. Le roucoulement de la tourterelle va devenir la note dominante. Aimez-vous ce refrain doucereux? Pour moi, il me produit l'effet de ces beaux yeux qui restent tendres et langoureux, même quand leur propriétaire vous demande de lui passer la moutarde. Les ortolans se montrent en abondance dans le Midi, où les chasseurs au filet capturent les jeunes de ces oiseaux, qui leur serviront d'appelants l'année suivante.

Au temps où le domaine de la couronne était placé en dehors du droit commun, les laissez-courre recommençaient avec le mois de juillet; ces chasses, auxquelles les officiers de la vénerie étaient seuls à prendre part, se motivaient par la nécessité de mettre les meutes en haleine; cependant telles n'étaient pas les traditions de l'ancien régime où l'on attendait que le cerf eût *touché au bois*, c'est-à-dire dégagé sa tête de la peau veloutée qui la couvre au moment du refait, en la frottant contre les arbres, pour le donner aux chiens.

Si la suppression de ces privilèges a valu à ces nobles animaux quelques coups de fusil de plus, en revanche, elle leur a assuré de complets loisirs pendant la période d'été, et ils en usent. Leur *refait* est complet, quoiqu'il lui faille encore quinze jours ou trois semaines pour arriver à sa complète maturité; ils se tiennent en ce moment dans les alentours des mares et des fontaines et recherchent les bons gagnages où ils vont se charger de venaison.

Quelques daims donnent encore des faons. Les jeunes carnassiers sont sortis de la période d'allaitement; les renardeaux commencent à prendre leurs repas aux abords du terrier où la mère leur partage la proie qu'elle leur rapporte.

Les louveteaux ont quitté le liteau qui leur a servi de berceau, parcourent leur bois natal, mais sans en sortir, et reçoivent de leurs dignes parents les premières leçons de brigandage, aux dépens du gibier le plus souvent.

C'est dans ce mois que naissent les petits d'un joli petit animal, d'un voisinage désagréable pour les propriétaires d'espaliers, le loir; le sommeil hivernal qui l'a longtemps soustrait aux incitations printanières, la nécessité de prendre le temps de se frotter les yeux en s'éveillant, l'ont mis en retard sur tous les autres quadrupèdes.

La pêche est entrée dans sa période d'activité ; cependant, lorsqu'une température inclémente a retardé le frai, les poissons étant sans appétit tant qu'ils se trouvent sous son influence, les profits de la ligne sont encore modestes, au moins pendant la première moitié du mois. Ce ne sera que le matin et le soir que l'on pourra réaliser quelques captures ; et puis, comme à la chasse du bécasseau, si bredouille il y a, elle s'encadre si agréablement à ces heures privilégiées que l'on ne songe pas à la maudire.

Les lignes de fond tendues pendant la nuit vous donneront des anguilles en bon nombre et quelques perches qui, après le brochet, sont les premières débarrassées de toute la population aquatique. Les nasses drues prennent du goujon et des anguilles ; en amorçant avec quelque libéralité et surtout en ajoutant à ses pelotes une substance suffisamment odoriférante, l'épervier ramènera force blanchaille ; mais, pour que filets et lignes soient en mesure de faire merveille, il faut du soleil et de la chaleur.

AOUT

I

La moisson

Le champ d'œuvre commence à se déblayer ;
la bataille de la moisson touche à sa fin, bataille
âpre, lalorieuse, dans laquelle la sueur, sinon
le sang, coule à flots.

Tout est en mouvement dans la ruche agricole ; hommes et femmes, vieillards et enfants,
ont leur rôle dans ce combat décisif qui va les
mettre en possession des richesses qui, depuis
huit mois, leur ont déjà coûté tant de peines,
tant de labeurs et tant d'angoisses. Vraiment
cruelles, vraiment dignes de toutes les sollici-
tudes des gouvernements, ces luttes dans lesquelles le laboureur a contre lui des hasards
qui déjouent toutes les prévisions humaines,
ceux de la température ; où il ne suffit pas

d'avoir fait vaillamment son devoir; où, comme à une table de baccarat, il faut avoir pour soi la chance.ou une saute de vent. Un nuage jaune poussé par l'orage peut, en quelques instants, changer la victoire en déroute et laisser le pauvre homme en présence de son désastre et d'une année de travail perdu.

C'est quand la moisson est encore debout que l'on peut exactement apprécier l'effort gigantesque que coûtera sa conquête. Quand on traverse ces steppes de la fertilité qu'on appelle la Beauce, quand l'œil embrasse cette mer d'épis ondulants dont il n'aperçoit pas la fin, on éprouve comme un mouvement d'épouvante en songeant à la disproportion des deux adversaires qui vont se prendre corps à corps, la plaine immense, l'homme si petit et si faible, et l'on retrouve au bénéfice de ce dernier la commisération attendrie que l'on réservait jadis à l'infortunée princesse condamnée, par une fée taquine et maussade, à trier espèce par espèce une montagne de plumes de toutes les provenances.

Le moissonneur aussi doit recueillir cet infini brin à brin, pour ainsi dire, sous les feux du soleil d'août, quelquefois sans une goutte d'eau pour rafraîchir ses lèvres et en persévérant pendant quinze et dix-huit heures dans ce terrible labeur. La patience, la résignation, le courageux acharnement de quelques pauvres gens suffisent, cependant, à cette œuvre colossale; les

andains se couchent petit à petit sous la faux,
sous la sape ou sous la faucille, les mains agiles
des ramasseuses les forment en javelles, les
gerbes se lient, les chariots les emportent, la
plaine est dépouillée; le nain a vaincu le géant,
et il n'en est pas plus fier.

Lorsque l'on réfléchit que la vie de tout un
peuple sera le prix de cet effort d'obscurs travailleurs, on n'est point tenté de leur marchander son intérêt; ils en sont d'autant plus dignes
qu'en somme, et bien que ce soit lui qui leur
assure du pain pendant les chômages de l'hiver,
ce salaire paraît fort modeste, surtout si on le
rapproche du déploiement de forces qu'il exige
et des souffrances qu'il provoque.

En Beauce, la moisson est généralement
entreprise à la tâche; l'homme qui amène avec
lui sa ramasseuse chargée de relever l'andain et
de le mettre en javelle, reçoit pour ce travail de
28 à 30 francs par hectare de blé; chaque couple
en entreprenant environ neuf hectares, et pouvant faucher, ramasser, lier un demi-hectare
par jour, le salaire, pour la récolte du blé,
s'élèvera de 252 à 270 francs pour un travail qui
ne durera que trois semaines, si nul accident
atmosphérique ne vient le traverser. La ramasseuse, recevant de 55 à 75 francs, il reste au
faucheur près de 200 francs; il aura de plus le
produit de la fauchaison des avoines, pour
lesquelles la ramasseuse n'est plus à sa charge
et qui lui est payé de 13 à 16 francs l'hectare. Il

est incontestable que, pour un homme dont le gain hebdomadaire s'élève bien rarement au-dessus de 18 francs, un pareil résultat doit représenter une inappréciable aubaine; cependant, en ne perdant pas de vue qu'il aura été conquis en se levant vers deux heures du matin, pour ne rentrer qu'à huit ou neuf heures du soir, on est de cet avis que, ce bénéfice anormal, ces braves gens ne l'ont pas volé; en même temps, au point de vue de l'humanité, on ne peut s'empêcher de souhaiter que cette excessive dépense de forces, que ces fatigues écrasantes cessent d'être nécessaires.

*
* *

On ne se doute guère, dans les villes, de ce qu'elle exige de vaillance, de ce qu'elle coûte de fatigues, cette moisson. Les peintres semblent s'être entendus avec les poètes pour en faire une jolie petite pastorale mignarde, enrubannée et souriante, dans laquelle les épis tombent en cadence, au bruit d'aimables chansonnettes. Dans un tableau célèbre, un grand artiste ne nous a-t-il pas montré des moissonneurs dansant et cabriolant devant le chariot chargé de gerbes? Danser après une journée de moisson, juste ciel! Non, la réalité ne ressemble guère à ces peintures, à ces descriptions qui ont cherché l'effet dans l'agréable : la vérité est qu'elle représente un effort très souvent au-dessus des forces humaines, la moisson; c'est que, pour la mener à sa fin, elle exige des prodiges de courage patient et d'opiniâtreté persévérante, que c'est elle, par conséquent, qui nous montre l'ouvrier des champs dans toute sa grandeur.

Il quitte la ferme à trois heures du matin, le faucheur; c'est encore la nuit, il devance l'aube. Cependant, du côté de l'orient, les ténèbres commencent à se laver d'une teinte grise, sur laquelle s'estompent vigoureusement les profils des masses boisées de l'horizon. Vêtu de son pantalon de toile, la veste aux épaules et nouée par les manches autour de son col, mangeant, en marchant, son morceau de pain, il va d'un pas hâté. Derrière lui vient la ramasseuse, pauvre fillette frissonnante et trébuchante qui, tout en cheminant, les mains repliées sous son tablier, s'évertue à soulever ses paupières ensommeillées.

On arrive au champ d'œuvre. La femme, accroupie sur un tas de gerbes, pendant que son compagnon aiguise sa faux, est retombée dans sa somnolence ; celui-ci la gourmande. L'heure est propice ; le chaume, humecté par les vapeurs de la nuit, offre moins de résistance à l'acier. Il se met à la besogne : l'outil décrit sa courbe en grinçant et la première javelle s'abat sur le sol. Quand il commence, la lueur de l'est s'est irisée des couleurs de l'opale ; mais, les reflets de l'astre qui va monter à l'horizon sont encore trop obliques pour éclairer la plaine, qui est restée dans une demi-obscurité. C'est à peine si les cimes des épis, en ce moment immobiles, se glacent de roux; leurs sombres quadrilatères ne se distinguent les uns des autres que par la taille des différentes céréales. Le chant de la caille, la voix aigrelette du grillon noctambule se mêlent au frôlement strident de la faux, qui marche d'un mouvement régulier, continu, comme celui du balancier d'une pendule.

Le soleil, en se levant, a trouvé le faucheur à l'œuvre; l'astre arrive à son zénith, sans que l'homme se soit interrompu autrement que pour prendre à la hâte un léger repas. C'est à ce milieu du jour que s'affirme sa vaillance : brûlé par les feux qui tombent d'aplomb sur sa tête, déjà épuisé par la traite de sept à huit heures qu'il vient de fournir, la sueur ruisselle sur son front hâlé. A la crispation de ses mains sur le manche de la faux, on devine que les muscles engourdis ne jouent plus sans efforts; la voussure du buste s'est accentuée, les jarrets ployés semblent vaciller, la respiration est devenue rauque comme celle du gindre, et, cependant, le bras tenace continue de lancer l'outil, comme s'il ne ressentait ni fatigue, ni gêne : ses révolutions se succèdent sans trêve, sans intervalles. Par la toute-puissance de sa volonté, cet homme, en apparence épuisé, est arrivé à l'inflexibilité de la machine : il veut vaincre et il vaincra.

Le faucheur se retrempe dans le dîner et dans la sieste de midi ; vers une heure et demie, il est de nouveau au travail. Après une troisième pause, de quelques minutes celle-là, lorsque le soleil s'abaisse vers le couchant, la faux recommence à manœuvrer jusqu'à ce que l'obscurité soit complète et, le plus souvent, par-delà, car le soir, comme le matin, est favorable à sa besogne.

C'est alors, après dix-sept à dix-huit heures de ce labeur écrasant que, suivi de la pauvre ramasseuse qui l'a partagé, il songe à regagner les bottes de paille sur lesquelles, pendant les trois ou quatre semaines que durera la bataille, bivouaqueront ces énergiques soldats de la moisson. Ils s'en vont, comme ils sont venus, par la nuit noire, et, à moins qu'ils n'aient été mordus de quelque tarentule cachée dans les chaumes, il nous paraît douteux qu'ils gambadent en regagnant le gîte.

*
* *

Le spectacle est d'une incontestable grandeur, parce que l'œuvre semble énorme lorsqu'on la compare à la taille de celui qui l'entreprend. Cet océan d'épis, ils sont deux ou trois, je l'ai dit, pour en prendre possession. Il faut l'âpreté unie à la persévérance rustique pour que ces pygmées aient raison de cette immensité. Pendant toute une semaine, j'ai suivi avec intérêt les péripéties de la récolte qu'opérait une petite famille de paysans. Ils étaient trois, le père et la mère, déjà vieux, la fille, une jeune femme, chargée d'un fardeau qui, bientôt, mettra une tête de plus dans la chaumière ; le gendre s'en était allé faire la moisson dans une ferme ; il en rapportera deux cents francs ; cela vaut bien que ceux qui sont restés peinent davantage, et les femmes elles-mêmes ne regrettaient pas son concours. De si grand matin que je me levasse, en ouvrant ma fenêtre, j'apercevais toujours le trio à la besogne : le père fauchait, les deux femmes mettaient en javelles; un enfant de cinq ou six ans, la fille aînée de la plus jeune des deux ramasseuses, glanait les épis tombés, coupait ceux que la faux du grand-père n'avait pas atteints ; habitudes de fourmi prévoyante et économe qu'on ne saurait prendre trop tôt.

Le soleil montait, se faisait implacable, il y perdait ses rayons ; il ne parvenait pas même à ralentir le jeu lent, mais d'une continuité presque mécanique, de ces forces humaines ; il se poursuivait jusqu'à la nuit noire, sans autre trêve que celle de deux repas. Et, comme le morceau de fer quand la lime en fait une poussière, la forêt d'épis, blé ou avoine, allait en s'amoindrissant, en se rétrécissant, en

s'amincissant jusqu'à se trouver réduite à l'état
de muraille qu'un dernier coup de faux cou-
chait sur le sol. Alors, presque sans souffler,
on passait au champ voisin, la famille en avait
sept ou huit, formant environ cinq hectares, et
on l'attaquait avec un égal acharnement. Le
treizième jour tout était à bas. Ces deux vieux,
cette femme enceinte avait coupé, javelé, bot-
telé, lié et engrangé tout ce qui avait couvert ce
vaste espace ; c'était un dimanche, vers deux
heures, qu'ils enlevèrent leur dernière voiture
de gerbes. Je félicitais le brave homme d'avoir
si heureusement terminé sa moisson, en ajoutant que ses femmes et lui auraient bien gagné
le repos dont ils allaient jouir pendant le reste
de la journée.

— Nous reposer ? s'écria-t-il ; est-ce que la nuit
n'y suffit pas ? Nous avons encore quatre-vingts
perches de bon froment de l'autre côté du
bourg ; en fait de récoltes, voyez-vous, on ne
possède que ce que l'on tient, et c'est pour cela
que je me dépêche toujours de tenir.

Et, la faux sur l'épaule, il s'en alla à cet autre
champ. Quand on assiste à ces luttes, quand
on est témoin de ce qu'il faut d'efforts et de
constance pour arracher à la terre son tribut ;
quand, ayant supputé ce qu'en réalité ce tribut
représente, on en arrive à conclure que, sans
la sobriété, sans l'esprit d'épargne du paysan,
ce labeur écrasant ne lui suffirait pas pour soutenir sa famille, on devient singulièrement

indulgent pour les menus travers que d'aucuns
lui reprochent. — Voyez-vous, nous disait un
jour un autre campagnard, il n'y a que celui-là
seul qui l'a fait pousser qui sait ce que vaut
une bouchée de pain ! — Il avait raison ; il
nous paraît infiniment probable que, si tous,
tant que nous sommes, nous étions, à tour de
rôle, astreints aux travaux de la moisson, on
ne verrait pas plus de croûtes flaner sur les tas
d'ordures de la grande ville que l'on n'en rencontre au village.

*
* *

Chacun a terminé sa récolte, bonne ou médiocre ; depuis huit jours, ces travailleurs
hâlés, amaigris par les terribles suées qu'ils
ont subies, mais aussi la bourse alourdie par
deux ou trois douzaines d'écus de cinq francs,
sont sur les chemins, regagnant l'Ouest, d'où
ils sont venus, par bandes plus ou moins nombreuses. De ces braves gens, il en est beaucoup
qui passeront presque sans transition de ce
rude labeur aux fatigues du soldat ; tous néanmoins paraissent contents et gais. Sous leur
gravité un peu morne, ils restent bien les fils
de ces Gaulois qui avaient choisi pour emblème
l'alouette insouciante et joyeuse ; comme l'oiseau qui, du haut des airs, envoie sa chansonnette au rayon qui scintille entre deux orages,
un rien suffit pour que ces hommes oublient

les misères d'hier et les privations de demain.

Leur œuvre est faite ; de cette mer d'épis qui roulait en vague d'or, ils n'ont rien laissé, rien oublié ; il n'en reste qu'une immensité nue, rasée jusqu'à l'écorce, un terrain grisâtre légèrement blanchi par des chaumes rudimentaires, le squelette de la nourricière, d'aspect lugubre par un temps sombre, encore riant lorsque les grands quadrilatères de verdure qui tranchent sur son uniformité s'illuminent, et qu'au soleil du midi, les vapeurs miroitantes 'qui s'élèvent du sol fournissent une sorte d'auréole au triste guéret. Tout étant fini, tout est à refaire ; si larges qu'aient été les dons, l'éternelle bienfaitrice n'est point épuisée, ses flancs généreux appellent une main qui les féconde encore ; elle n'attendra pas longtemps, il y a déjà des charrues en action.

II

Autres travaux

On récoltera encore, dans le mois d'août, le maïs, les fèveroles d'hiver, les lentilles, les cardères, les pavots, la moutarde noire. On arrachera le chanvre dans certaines localités. C'est aussi le mois où se recueillent les grains de trèfle et de luzerne.

Tous les intervalles que laisse la récolte des céréales sont mis à profit pour conduire les fumiers sur les champs destinés à recevoir les grains qui se sèment en août, la navette dont les semailles se prolongeront jusque dans le mois de septembre. On déchaume les pièces qu'on ne veut pas ensemencer immédiatement.

On sème le trèfle incarnat destiné à être coupé en vert aux mois d'avril et de mai ou livré en pâturage aux bestiaux. Si la terre ne se trouve pas trop durcie après l'enlèvement de la céréale, on répand la graine sur le chaume et on la recouvre par un triple hersage avec une herse à dents de fer. Lorsque la croûte est résistante ou que les chaumes sont trop drus, on fait passer l'extirpateur à dents sur le champ, avant les semailles.

C'est encore le moment de confier à la terre les graines destinées à produire les fourrages d'automne qui constituent les cultures dérobées, spergule, moutarde blanche, vesces, sarrasins, navets.

Enfin, les racines, betteraves, rutabagas, carottes, pommes de terre réclament impérieusement un binage minutieux, qui les délivre de toutes les plantes parasites qui ont prospéré depuis le printemps. La besogne ne manque pas, comme vous voyez, en dehors de la moisson. Pour les treilles, enlevez les feuilles les plus rapprochées du mur, afin que celui-ci s'échauffe davantage; c'est le meilleur moyen de hâter la maturité de la grappe ; dégagez-la également de tous ses grains imparfaits, les autres profiteront des vides que vous aurez pratiqués. Le secret des merveilleuses productions de Thomery se trouve tout entier dans les soins incessants dont elles sont l'objet.

III

La boisson des moissonneurs

Nous avons décrit les péripéties de cette bataille de la moisson : nous avons exposé les souffrances des braves gens qui combattent pour conquérir le pain de tous ; nous y reviendrons cependant, pour insister sur la nécessité de ménager à des travailleurs ainsi surmenés, une boisson plus salubre, plus hygiénique, et aussi plus économique que l'eau crue et tiède dont ils se gorgent. Quelques fermiers, sans nier la justesse de nos observations, nous représenteront peut-être combien il est difficile de surcharger des frais généraux de culture qui, depuis dix ans, ont déjà grossi de moitié; nous leur opposerons l'exemple des chemins de fer, lesquels peuvent servir de modèle de bonne et sévère administration.

Il y a longtemps déjà que la plupart des compagnies ont sévèrement proscrit l'usage de l'eau pure dans leurs ateliers, pendant les chaleurs. Elles mettent à la disposition de leurs hommes une boisson composée d'eau additionnée de café, d'eau-de-vie et de cassonade en quantité suffisante pour en masquer la crudité en la rendant moins débilitante. La mesure, dictée par une sollicitude humanitaire, sert encore parfaitement les intérêts que ces administrations ont le devoir de sauvegarder. Un haut fonctionnaire des lignes de l'Ouest nous affirmait que, depuis l'introduction de cette boisson, les indispositions, si fréquentes chez le personnel pendant l'été, avait presque complètement cessé, que l'on n'avait plus à signaler de ces défaillances momentanées si préjudiciables au travail général; il n'hésitait pas à chiffrer à 40 pour 100 le profit que cette dépense procurait à la Compagnie.

Nous n'ambitionnons pas pour nos gens un grog aussi accompli que celui que les chemins de fer offrent à leurs employés ; une légère, bien légère décoction de café suffirait aux estomacs rustiques.

Voici la formule d'une boisson à base de café qui nous paraît d'autant plus pratique que, préparée à l'avance, son usage quotidien n'entraîne aucune peine, aucun embarras. On broie dans un mortier, 500 grammes de café cru, c'est-à-dire non torréfié, en ayant soin de détacher souvent avec une spatule ce qui s'attache aux parois ; d'après M. le docteur de Costeplane, ces 500 grammes suffisent à constituer l'approvisionnement d'une ferme importante, pendant la moisson. On noie 100 grammes de la poudre ainsi obtenue dans 1 kilogramme d'alcool pur à 86°; on l'y laisse macérer pendant douze jours; on décante dans des bouteilles qui sont bouchées avec soin. Cette liqueur se mélange à l'eau destinée aux ouvriers des champs, à la dose de 50 gouttes par litre. Ainsi teintée de café, la boisson devient très rafraîchissante, elle désaltère, donne des forces, ne provoque pas de transpirations forcées, prévient les maux de tête, les mouvemens ascensionnels sanguins; elle est antiscorbutique, très reconstitutive et bienfaisante à tous égards. Malheureusement, le préjugé auquel Mme de Sévigné servait d'écho, il y a tout à l'heure deux siècles, est resté singulièrement vivace dans les contrées du Centre. Tandis que ses décoctions sont usuelles au Nord et à l'Est dans les classes les plus pauvres, qu'un paysan normand croirait son veau mal vendu si le marché n'avait pas été arrosé d'une demi-douzaine de tasses de moka, sans préjudice des demoiselles et petits pots qui leur font escorte, on continue de le considérer dans la région centrale comme un breuvage de luxe, réservé à des estomacs privilégiés, et encore, seulement aux grands jours !

— Du café ! répondait une dame de notre province à une pauvre servante belge qui lui déclarait qu'il lui était impossible de se passer de sa boisson nationale, du café ! Mais, pendant que vous y êtes, pourquoi ne pas demander que mon mari vous donne le bras pour aller à la messe ?

IV

Les salaires de la moisson

Il ne faut pas davantage se le dissimuler, les salaires de la moisson constituent, pour le fermier, une lourde charge. Depuis dix ans, ils ont augmenté environ d'un cinquième ; en même temps, le prix des denrées et particulièrement celui du vin s'est considérablement exagéré, et le fermier nourrit ses travailleurs ; seul, le cours du blé est resté stationnaire. C'est là, croyons-nous, ainsi que dans la faiblesse des rendements, qu'il faut chercher la cause du malaise dont se plaint l'agriculture. L'économie dans la production ne peut s'obtenir que par la substitution des machines aux bras humains dans le travail agricole ; en même temps que la diffusion de ces machines remédierait aux conditions désavantageuses dans lesquelles opère notre industrie agricole, elle serait un bienfait pour nos populations, qu'elle soustrairait à ces coups de collier de la récolte qui, souvent, dépassent les forces humaines et ne laissent pas que de faire des victimes. Malheureusement, le prix élevé de la plupart des engins de l'outillage s'opposera longtemps à leur vulgarisation, si le gouvernement, les Sociétés agricoles et les hommes de bonne volonté ne réunissent pas leurs efforts pour en accélérer la multiplication.

Ce ne sont pas seulement les capitalistes qui se montrent peu disposés à fournir à la culture les fonds qui lui manquent pour prospérer; le commerce lui-même, si large, si facile, si confiant vis-à-vis des citadins, manifeste une visible répugnance à étendre sa clientèle jusqu'à notre monde rural. Une ouvrière, sans autre garantie que son désir de bien faire, trouvera cent marchands pour lui vendre une machine à coudre à crédit, payable par mensualités, à de très lointaines échéances; je ne crois pas que l'idée soit jamais venue à nos fabricants de matériel agricole de tenter, par ces facilités d'acquisition, nos cultivateurs qui, cependant, présentent un peu plus de surface. Nous nous sommes souvent demandé pourquoi les Sociétés d'agriculture n'encourageraient pas une tentative industrielle de ce genre. Et aussi pourquoi dans les concours, les prix, les primes distribués, ne seraient pas représentés tantôt par des bestiaux d'élite choisis dans les Ecoles de l'Etat, tantôt par des charrues perfectionnées, des semoirs, des râteaux à cheval, des faucheuses, des moissonneuses, etc. Le paysan est moins réfractaire au progrès qu'on ne le prétend. Il ne croit pas toujours l'homme de la ville sur parole, quelle que soit l'autorité de celui-ci, cela est incontestable; mais, quand il a mis ses doigts dans les trous des mains, sa main dans la plaie du côté, il ne se montre pas plus récalcitrant que l'apôtre Thomas. Soyez donc certain qu'un outil fonctionnant régulièrement et donnant des bénéfices à celui qui l'utilise, fera immédiatement des petits dans la commune où il aura été introduit, surtout si on n'exige pas que l'amateur débourse, d'un seul coup, une grosse somme. Le crédit au bétail, le crédit aux machines représentent, en monnaie, le crédit agricole, dont on parle toujours sans jamais le voir éclore.

V

Rendement du blé. — Année moyenne

La bonne, la mauvaise récolte se calculent d'après le nombre d'hectares emblavés en froment, puis d'après les rendements que ces froments ont fourni au battage. On sait presque précisément le nombre de ces hectares; les renseignements qui arrivent sur ce point au ministère de l'Agriculture sont si près de la vérité, qu'il serait puéril d'en contester l'exactitude. Les chiffres des rendements sont peut-être plus sujets à caution. La gloriole peut décider un fermier à les exagérer; un second sera disposé à les diminuer dans la crainte de rendre son propriétaire plus exigeant, un autre tout simplement parce qu'il n'aime pas les curieux. Cependant, ces fraudes parfaitement innocentes doivent se compenser dans l'ensemble, et la moyenne départementale qui s'établit sur ces données présente de grandes vraisemblances d'exactitude.

La plus forte des récoltes, depuis le commencement du siècle, est celle de 1874, elle donna

133,130,163 hectolitres pour 6,874,186 hectares
de blés ensemencés. Après, vient celle de 1872,
qui fut de 120,803,459 hectolitres pour 6,937,922
hectares. Le rendement, en 1874, a été de 19 hectolitres 36 litres à l'hectare; en 1870, de 17 hectolitres 41 litres à l'hectare. Les plus faibles
furent celles de 1871 et de 1846; la première ne
ne fournit que 69,276,419 hectolitres, pour
6,422,883 hectares, la seconde ne s'éleva pas
au-dessus de 60,696,968 hectolitres pour 5,936,908
hectares; il y eut disette, presque famine, et le
sang coula à Buzançais. Le rendement moyen
fut de 10 hectolitees 23 pour 1846, et de 10 hectolitres 78 pour 1871.

L'année moyenne est donc celle où cette
récolte figure un honnête juste milieu entre
l'abondance de 1874 et de 1872 et la pénurie de
1846 et de 1871. Elle se détermine en chiffres par
un total de 90 à 100 millions d'hectolitres, par
un rendement supérieur à 15 hectolitres à l'hectare. 1861 et 1864 furent des années moyennes.

Nous ajouterons que la plus éloquente dé-
monstration des progrès réalisés par l'agriculture se trouve dans la statistique où nous avons
puisé ces détails; ils s'accusent à la fois par
l'élévation du chiffre du rendement moyen,
s'élevant de 12 hectolitres 45 à 13 hectolitres 64
litres, dans une période de vingt ans, et par
l'extension que prend la culture du froment.
De 1815 à 1836, elle couvrait rarement 5 millions
d'hectare et en embrassait souvent moins; de

de 1856 à 1876, elle ne s'abaisse plus au-dessous de 6 millions d'hectares et dépasse deux fois 7 millions.

On trouve encore un *criterium* de ces progrès dans l'écart énorme que peut affecter le rendement moyen d'un département moyen à un autre département. Dans la Seine, où toutes les terres ne sont pas de premier ordre, où elles valent surtout, par les amendements qu'on leur prodigue, ce rendement moyen s'élève à 25 hectol. 72 ; il est de 22 hectol. 87 dans le département du Nord ; il dépasse même 30 hectolitres dans l'arrondissement de Valenciennes ; il reste encore au-dessus de 20 dans Seine-et-Oise, Seine-et-Marne et Oise ; à part ces privilégiés, nous ne trouvons plus rien qui se rapproche des plantureuses moissons de l'Angleterre et de l'Écosse. Le rendement n'atteint pas à 12 hectolitres à l'hectare dans trente-sept de nos départements qui, tous, ne sont pas mal partagés sous le rapport de la fertilité du sol, dont quelques-uns trouvent dans l'eau et dans le soleil des auxiliaires inappréciables. Dans quatre départements, la moyenne de la production descend au-dessous de 8 hectolitres ; dans la Lozère, elle est de 6 hectolitres 67 litres seulement à l'hectare ; on voit que ce coin de l'Auvergne a du chemin à parcourir pour arriver à rejoindre la tête de la colonne.

VI

Moyen d'augmenter le rendement du blé d'un cinquième

Nous avons eu sous les yeux une brochure dont le sous-titre : *Moyen d'augmenter le rendement du blé d'un cinquième,* excitait assez vivement notre méfiance. Nous nous attendions à y trouver le panégyrique de quelque succédané de la célèbre Eau des Fées, à l'usage des céréales, bien entendu, de quelque engrais aussi mystérieux que merveilleux à l'aide duquel il ne tiendra qu'aux cultivateurs en chambre d'obtenir les plus plantureuses récoltes sur le marbre de leur cheminée. Hâtons-nous de dire que la lecture a très agréablement dissipé nos préventions; la panacée procède de l'observation et non pas de l'empirisme, et, en n'acceptant les perspectives qu'elle évoque que sous bénéfice d'inventaire, en restant convaincu que les accidents climatologiques doivent avoir une influence considérable sur les résultats qu'elle promet, il nous est impossible de ne pas admettre les données sérieuses et parfaitement rationnelles du système sur lequel elle est basée.

Le passé de l'auteur de cette brochure, M. X. Pinta, est déjà une garantie de son expérience. Cultivateur chevronné, comptant cinquante-quatre ans de service actif dans l'armée du labourage, il a vu pousser et abattre bien des moissons. Ceci ne serait rien si, comme beaucoup trop de ses pairs, se contentant de semer, d'engranger et de vendre, il n'avait pas recher-ché des enseignements dans les phénomènes qui se passaient sous ses yeux; mais, ses états de service en témoignent encore, M. Pinta est un chercheur. Il revendique la gloire, c'en est une et des plus solides, — d'avoir découvert le premier le procédé de la conservation des pulpes de betterave par la fermentation, procédé qui assure l'utilisation de la totalité de ces sortes de résidus, qui se traduit éloquemment par ce fait que ces pulpes, dont les deux tiers se déversaient dans la fosse aux fumiers avant 1827, peuvent fournir aujourd'hui, pendant plus de deux mois, la ration de vingt-cinq millions de moutons. Après avoir exploité pendant vingt-trois ans une ferme de 250 hectares dans les riches terres du département du Nord et l'avoir amenée à un degré de prospérité exceptionnelle, M. Pinta avait acheté un domaine de 1,100 hectares dans le Gâtinais, où un sol passablement ingrat lui créait des conditions de culture un peu différentes de celles dans lesquelles il avait débuté. Mais, et nous ne manquerions pas d'exemples qui le prouvent, pour

des agronomes intelligents et énergiques, les
difficultés de la lutte faisant l'office de stimu-
lants, ils n'en apportent que plus de persévérance à réduire une nature rebelle. Le nouveau
propriétaire réalisa dans cette terre de Belle-
cour des améliorations qui en augmentèrent
rapidement la valeur; ce fut là qu'une observation devint le point de départ de la méthode
qu'il préconise.

Un jour qu'il regardait cribler du blé, il re-
marqua le grand nombre de grains maigres et
grêles qui tombaient de l'instrument et la quantité relativement bien faible des grains ronds
et pleins qui s'y trouvaient mêlés. Cette différence lui livrait la formule du problème. Il devait évidemment consister à renverser ces proportions, c'est-à-dire à mettre les grains pleins
en majorité, les grains petits, vidés, comme
avortés, en plus petit nombre. Ce résultat, décisif à la mouture puisque le grain rond fournit
plus de farine et le grain maigre proportion-
nellement plus de son, M. Pinta indique un
moyen, selon lui infaillible, de l'amener.

Ce moyen ou plutôt ces moyens sont simples
comme l'idée qui leur a donné naissance. Les
grains charnus sont le produit d'épis gros et
forts; ces sortes d'épis poussent toujours sur
des chaumes de taille moyenne, mais épais et
rigides; ce sont les chaumes qu'il s'agit d'obtenir tels. Certaines des recommandations de
l'auteur sont usuelles en agriculture : terrain

non fatigué, assaini, convenablement labouré et préparé, purgé d'herbes dont la végétation atrophie les céréales, ensemencement en lignes pour faciliter les sarclages, etc. Tout cela est de la bonne culture normale; ce qu'il y a de plus nettement original dans le système consiste dans l'espacement des lignes, de façon à ménager en tout temps aux tiges une aération suffisante et à rétablir au printemps une certaine égalité entre les talles dont les unes ont prospéré, tandis que d'autres ont médiocrement végété.

Certains fermiers, pour éviter la verse, font passer le troupeau dans les champs; en Hongrie, on y met non seulement le troupeau, mais les chevaux et les bœufs. M. Pinta condamne ce moyen, parce que les moutons broutent précisément les plantes les plus faibles dont les pousses sont les plus tendres; il fait couper à la faux les extrémités fortes déjà inclinées, et si la végétation se montre encore intempérante, il n'hésite pas à renouveler l'opération. Enfin, il conseille de moissonner lorsque la paille, déjà jaune au-dessous de l'épi, reste verdâtre à sa base, parce que la pellicule du grain sera plus fine, l'amande mieux nourrie et plus lourde. Des photographies comparatives de blés cultivés d'après ce système avec d'autres obtenus par les méthodes ordinaires, des tableaux où les rendements en poids, en beaux épis, en épis maigres de gerbes de ces diverses provenances sont opposés les uns aux autres, servent de justification à ce travail. Nous ne nous porterons point garant que le procédé fournira les 20 0/0 d'augmentation du produit des céréales que nous promet **M.** Pinta; ce dont nous sommes certain, c'est qu'il n'est pas un cultivateur qui ne trouve d'utiles enseignements dans la lecture de sa brochure.

VII

Les Meules de blé

En ce mois d'août, les alentours des villages et des fermes des pays de grandes cultures sont jalonnés de meules de paille ou de gerbes non battues, qui ont pour mission de suppléer à l'insuffisance des granges. Malheureusement, en cela comme en beaucoup d'autres détails agricoles, nous nous en tenons à des méthodes surannées que leurs inconvénients, pas plus que les progrès réalisés chez nos voisins, ne nous décident à abandonner.

La plupart du temps, ces énormes emmagasinements d'éléments si éminemment inflammables, sont placés à courte distance des routes et des chemins. Comme une meule bien faite, c'est-à-dire s'élargissant à son sommet, représente le meilleur des abris contre la pluie, il arrive, très souvent, qu'un passant y cherche un asile. Si ce passant veut tromper l'ennui d'une trop longue station, en savourant quelques bonnes pipes, il arrive, parfois, qu'il allume le parapluie par ricochet; mais, comme la meule est ordinairement assurée, la mésaventure ne corrige personne. L'assurance est pour beaucoup dans l'insouciance avec laquelle le cultivateur choisit l'emplacement sur lequel il entassera une partie de sa récolte.

Si sain que soit le sol qui portera la meule, on en forme la base avec une couche de litière ; mais elle est trop souvent mal établie et ne suffit pas toujours à garantir de l'humidité les lits inférieurs des gerbes, surtout si elle doit soutenir l'assaut des pluies de l'automne et des neiges de l'hiver.

Cette base devient bientôt le repaire de myriades de rongeurs : rats, souris et mulots qui, comme leur camarade du fromage, y trouvent à la fois le vivre et le couvert. Leurs ravages sont considérables : nous nous souvenons d'avoir assisté à une démolition d'un de ces édifices de blé, dans laquelle on tua cent cinquante deux rats, gros, moyens et petits, auxquels, sans s'en douter, je suppose, le fermier accordait, depuis six mois, la plus écossaise des hospitalités. Si les dimensions moyennes de nos meules sont généralement convenables, l'élévation de gerbes à une hauteur de plus de 7 à 8 mètres nécessite l'installation d'un système de poulies ; elles sont, généralement, aussi imparfaitement construites et surtout mal couvertes. Pour en avoir fini plus tôt, on donne peu d'inclinaison au faîtage, qui devrait former un angle de 70 degrés ; ce qu'on économise de temps, on le rembourse, avec intérêts, en grains et en paille avariés.

Plus pratiques que nous en toutes choses, les Anglais ont, dans leurs bonnes fermes, un enclos spécial, réservé à l'emmagasinement des fourrages et des céréales sous la forme de meules. Un petit chemin de fer avec wagonnets à plate-forme, dessert cette cour des meules ; un réseau de rails, qui part de la voie principale aboutit, d'un côté, à chacune de ses deux parties, tandis que cette voie maîtresse conduit soit aux granges, soit à la halle du battage. Quelles que soient ses proportions, il suffit d'une journée, de peu de bras et de peu de frais, pour défaire une de ces meules et la transporter à l'abri.

Les meules anglaises ne reposent point sur la terre : elles ont pour bases des espèces de piliers en maçonnerie, ayant la forme d'un cône renversé, sur lesquels il est impossible aux souris de grimper. On établit sur ces piliers une sorte de plate-forme avec des barres de fer, et c'est sur cette plate-forme que l'on dresse les gerbes. A la petite voie ferrée près, ce système est aussi simple que peu dispendieux ; il remédie à toutes les imperfections du nôtre : il donne la sécurité, il assure la parfaite conservation du dépôt dans son intégrité ; les frais d'installation se récupèrent par l'économie permanente de la main-d'œuvre ; nos cultivateurs se trouveraient bien de l'adopter. C'est surtout en agriculture,

une industrie qui vit de menues économies,
qu'il faut, le plus possible, profiter des améliorations réalisées par le voisin. Grâce à la
presse, les laboureurs de toutes les nations
vivant pour ainsi dire porte à porte, il n'est
plus permis à personne de s'attarder dans la
routine.

VIII

Les Blés de semence

Quand il s'agit de se procurer son blé de semence, le cultivateur le choisit lourd, bien nourri, parfaitement mûr, net et dégagé de toute graine étrangère. Mais il est une autre considération qui domine les premières : le blé resemé plusieurs années de suite dans les mêmes terres passant pour voué à la dégénérescence, il faudrait, semble-t-il, renouveler celui que l'on destine aux semailles, le demander à un autre sol, à un climat différent, et, par conséquent, l'acheter.

Il est incontestable que, dans certains cas, il y a profit à demander à des semences d'élite, ayant végété dans d'autres conditions culturales, sous d'autres influences atmosphériques, une recrudescence de vigueur pour des plantes altérées par une culture plus ou moins répétée, plus ou moins soignée surtout. Cependant, c'est à tort que l'on en conclut la nécessité de ces mutations tantôt annuelles, tantôt bisannuelles ; le plus souvent, et pour le plus grand nombre de ceux qui les pratiquent, elles sont absolument illusoires. En effet, il est bien peu d'acheteurs qui s'inquiètent sérieusement de la composition du sol qui a produit ces céréales de semence, de la différence qu'il présente avec celui où il s'agit de les introduire : elles sont étrangères, cela suffit. Cette qualité, il ne manque même pas de cas où elle est usurpée : que devient alors l'influence qu'elles doivent exercer sur la dégénérescence?

Pourquoi alors chaque cultivateur ne se pourvoirait-il pas lui-même de ce blé de semence? Pourquoi n'appliquerait-on pas à la reproduction des végétaux cette sélection qui a donné de si éclatants résultats dans la constitution des races de bestiaux en Angleterre? Serait-il plus difficile de créer et de fixer des types végétaux en les triant, en les traitant avec des soins particuliers, qu'il ne l'a été de créer et de fixer les espèces animales, et alors de n'avoir recours aux changements de semence que pour les cas où l'on aurait à introduire des variétés particulièrement recommandables et d'une supériorité bien établie?

« Nous voudrions, dit M. Joigneaux, qui rompant en visière avec la routine, préconise cette méthode, nous voudrions que chaque fermier réservât une certaine quantité de terrain pour la production spéciale de la semence des céréales de toutes sortes. Nous voudrions que ce terrain fût riche en vieil engrais, bien pré-

paré par les labours et les hersages, qu'on l'en-
semençât en lignes de façon à pouvoir y pratiquer aisément les sarclages et les binages, et
qu'entre deux planches, ou sillons de céréales,
il y eût une planche consacrée à la culture
d'une plante très peu développée en hauteur,
de manière que l'air et la chaleur, circulant en
toute liberté, favorisassent la végétation sur
tous les points. Nous aurions ainsi des tiges
d'une belle venue, des épis superbes et des
grains de choix, incontestablement.

« Nous croyons que, pour fabriquer de la
graine de céréales dans la perfection, on devrait, sous les climats favorables, les semer
d'abord en pépinière, comme nous semons le
colza, puis les repiquer pied à pied, à 12 ou 15
centimètres de distance. Les céréales repiquées
donneront toujours de plus beaux épis et de
plus beaux grains que les céréales semées à
demeure. »

Ce sont là, il est vrai, des attentions auxquelles nos cultivateurs ne sont guère habitués;
mais nous croyons, avec M. Joigneaux, qu'ils
seraient largement récompensés par les rendements supérieurs qu'ils s'assureraient en se
décidant à se livrer à la culture spéciale des céréales porte-graines.

Du reste, l'expérience de la valeur de la sélection appliquée au froment n'est point à faire,
elle a été faite. M. Eugène Gayot a vu, à l'exposition de Kensington, en 1862, un blé « généa-

logique » très amélioré par une sélection éclairée et persistante de la semence, sous le rapport de la fécondité et du développement des qualités particulières à cette céréale.

Le lot consistait en épis, en grains de la première semence, choisie elle-même parmi le plus beau froment de Nursery, puis ceux qui en étaient nés pendant quatre générations consécutives. Au point de départ, on comptait dix-sept épis pour un grain; on en avait obtenu successivement trente-neuf, puis cinquante-deux, puis quatre-vingts. La progression des grains par épi n'avait pas été moins remarquable : on en comptait quarante-cinq dans l'épi original, et, dans les suivants, suivant l'ordre de leur production : soixante-seize, quatre-vingt-onze, cent vingt-trois. Ainsi, au moyen de la sélection, la longueur des épis avait été doublée, leur contenu presque triplé et leur faculté de multiplication augmentée huit fois. Si la méthode est rationnelle, l'antécédent n'est pas moins décisif.

IX

La Grêle

Lorsque, après une de ces journées qui font dire aux esprits facétieux du village que les poules vont pondre des œufs durs, un orage s'est abattu sur les petits vignobles, et que la pluie a été accompagnée d'une grêle abondante, c'est une grande désolation chez les vignerons.

Vous venez de voir l'âpre énergie que déploie le paysan quand il s'agit de mettre en sûreté ses gerbes, son trésor; il attache un bien autre prix à sa vendange. La vigne, c'est à la fois son bien et son luxe avec son orgueil; dans le centre il y est d'autant plus attaché que cet enfant malingre et souffreteux lui coûte plus de soins, plus de labeurs, lui cause plus de soucis qu'aucun autre et l'en récompense moins souvent par ses produits. Si parcimonieux que soit le tempérament rustique, ce n'est pas seulement la valeur réelle du vin qu'il perd qui lui tient au cœur, c'est aussi la confusion de l'échec qu'il subit dans une bataille où vingt défaites antérieures n'ont fait que surexciter son achar-

nement. De son champ ravagé. il s'en consolera
à la longue ; mais il faut entendre l'amertume
avec laquelle un vieux vigneron parle de l'année
où les ceps surchargés ont vu en quelques
instants leurs innombrables grapes changées
par la grêle en purée de verjus. Il semblerait
qu'ils ont le sentiment de ce que le caractère
national doit à la boisson généreuse que nous
fournit le raisin.

Nous nous souvenons d'avoir lu, dans la
Gazette du Village, une très intéressante commu-
nication adressée à M. P. Joigneaux. Des céréales endommagées par la grêle ayant été données en pâture à des bestiaux, ceux-ci s'en trou-
vèrent incommodés. Les vétérinaires appelés
partagèrent l'opinion rustique que cette grêle
communique quelquefois à ce qu'elle a touché
des principes délétères susceptibles de la rendre impropre à l'alimentation. Cette croyance
populaire doit être très générale, puisque nous
l'avons retrouvée dans la Beauce où l'on nous
a affirmé que les grêlons renferment un « venin »
qui frappe de mort tous les fruits qu'ils effleu-
rent. Sans prétendre le moins du monde donner une solution de ce difficile problème, le
savant agronome dit que cette influence perni-
cieuse peut s'expliquer par la présence dans
la haute atmosphère où se forment les nuages
glacés de corpuscules, peut-être de microbes,
dont la dilatation de l'air par la chaleur a favorisé l'ascension et que dans leur congélation

les vapeurs aqueuses des nuages entraînent avec elles.

Nous avons été témoin d'un fait qui pourrait justifier cette supposition. Nous avons vu, il y a quelques années, un grand champ de haricots qui avait essuyé une grêle abondante, mais bénigne, puisqu'elle n'en avait troué que quelque feuilles, et qui n'en fut pas moins perdu. Il continua de végéter languissant, mais les fleurs en bouton avortèrent ; il n'en donna que peu d'autres, et ce qu'on en vit resta stérile. Il est vrai que l'on peut attribuer ce résultat au brusque changement de température qui avait désorganisé les tendres tissus de ces plantes, autant qu'au venin de la grêle. D'un autre côté, si venin il y en a, comment pouvons-nous manger, sans en être malades, les salades et les fraises, qui ont parfaitement subi le funeste contact? Bien mieux, quel est celui d'entre nous qui, étant enfant, n'a pas mis et laissé fondre quelques grêlons dans sa bouche?

La croyance signalée est trop universellement et trop profondément répandue pour ne pas s'appuyer sur une série de faits ; évidemment, les présomptions de M. Joigneaux, qui est peut-être l'observateur agricole le plus expérimenté et le plus sagace de ce temps-ci, ont de grandes probabilités pour elles, mais tout cela n'en est pas moins terriblement ténébreux. Cette poussière animée, ce monde des invisibles qui nous enveloppe, nous enserre, nous assiège, et dont

chaque atome a le but déterminé de destruction
de quelqu'un ou de quelque chose, complique
singulièrement le problème, déjà passablement
ardu, du mécanisme de notre monde. Le génie
humain a déjà surpris beaucoup de ses secrets,
mais décidément ce beaucoup n'est rien auprès
de ce qui lui reste à pénétrer.

X

Les Orages

Nous sommes heureux de constater que le développement de l'instruction, les conseils de la presse, les leçons de l'almanach, — un auxiliaire qu'il ne faut pas dédaigner en matière de progrès, — ont fini par décider nos populations à rompre avec une habitude dont d'innombrables catastrophes n'avaient pas réussi à les dégoûter, celle de s'abriter sous les arbres, quand l'éclair sillonnait la nue. Aujourd'hui, en pareil cas, hommes, femmes, enfants, ne se laissent plus tenter par ces fallacieux parapluies, si voisins qu'ils soient de leur champ d'œuvre ; vous les voyez se construire en toute hâte, à à l'aide de quelques gerbes qu'ils opposent au vent, un réduit où ils s'entassent, et, au besoin, tendre philosophiquement le dos à l'ondée. A la bonne heure ! Mieux vaut une douche tiède que de courir la chance d'être foudroyé ; mais quand on pense qu'il n'a pas fallu moins de soixante ans d'efforts pour décider ces braves gens à un choix aussi logique, on a la mesure de la persévérance avec laquelle la moindre des améliorations culturales demande à être propagée.

Nous avons sous les yeux une statistique qui, pour dater d'un peu loin, n'en démontre pas moins combien, parmi les victimes de la foudre, n'ont eu à accuser que leur imprudence. Cette statistique, présentée à l'Académie des sciences par M. le docteur Boudin, établit que de 1835 à à 1863, c'est-à-dire dans une période de vingt-neuf années, la foudre a atteint mortellement 2,238 personnes. Le maximum annuel a été de 111, le minimum de 48. Si au chiffre des morts on ajoute celui des blessés, le nombre total de ces victimes arrive à 6,714, et parmi elles, 1,700 ont été atteintes sous des arbres. Ajoutons que cette note contient des détails assez curieux pour être relevés. La foudre est galante, vous en seriez-vous douté? Le beau sexe est bien plus que le nôtre à l'abri des atteintes du fluide. Sur 880 personnes foudroyées de 1854 à 1864, il s'est trouvé 647 hommes; et seulement 233 femmes. Le docteur Boudin paraît disposé à faire honneur de cette immunité aux vêtements de soie que portent souvent celles-ci.

Dans les années où les orages sont nombreux, cette observation est de nature à donner au débit de ces étoffes une impulsion que nous serions désolés de contrecarrer; aussi, ce sera bien discrètement que nous ajouterons que la nature des occupations masculines, en retenant constamment les hommes au dehors, n'est peut-être pas tout à fait étrangère à la prédilection désagréable que le feu du ciel manifeste pour eux. Il y a aussi inégalité dans la répartition régionale des cas de foudroiement ; ils sont plus nombreux dans les départements montagneux, les Hautes-Alpes, la Lozère, les Hautes-Pyrénées, etc. ; les pays de plaines sont plus épargnés. M. le docteur Boudin cite encore deux personnes qui ont été plusieurs fois frappées de la foudre dans le cours de leur existence ; l'une d'elles le fut trois fois, et trois fois dans des logements différents. Cette triple récidive fut elle un effet du hasard ou la conséquence de l'organisation spéciale de ce privilégié, voilà ce qui eût été intéressant à élucider.

« C'est un grand ouvrier de folies que l'esprit humain », a dit Montaigne. Nous avons connu une vieille fille que la terreur du tonnerre avait rendue absolument maniaque. Il n'est pas besoin de dire qu'elle avait abusé de tous les moyens de défense et de préservation ; son toit, hérissé de paratonnerres, ressemblait à une pelote gigantesque ; cela ne la rassurait pas encore, elle avait fait installer dans sa cave une énorme cloche de verre sous laquelle, au moindre nuage suspect, elle se blotissait, se cachant, par surcroît, sous une couverture d'un triple taffetas ; enfin, tant que durait l'orage, elle exigeait que ses domestiques fissent cercle autour de la cloche préservatrice, en mêlant leurs oraisons à celles qu'elle-même elle récitait. Une

année que cette corvée, en se renouvelant, avait
mis ces malheureux sur les dents, un d'eux
imagina d'installer dans le grenier un tonnerre
de comédie, à l'aide d'une plaque de tôle, et avec
lequel il donnait la réplique à celui d'en haut,
et accentuait ses effets ; puis, à un moment
convenu, au moment où la foudre éclatait en
cascades invraisemblables et où la malheureuse
demoiselle s'engouffrait sous sa couverture,
l'un d'eux, faisant partir un innocent pétard,
renversa la cloche qui se brisa. Ses gens la
croyaient guérie, car ils lui avaient unanimement affirmé que c'était précisément sur sa maison de verre qu'ils avaient vu tomber la foudre
sous la forme d'une boule de feu ; mais, beaucoup plus logique qu'ils ne l'avaient supposé,
cette maîtresse folle conclut que, puisqu'en
somme elle en avait été quitte pour la peur, sa
précaution était bonne ; elle commanda une
autre cloche, et plus que jamais elle continua
d'y chercher la sécurité.

XI

Chasse et Pêche

En août, les cerfs dont la tête est plus avancée ont déjà touché aux bois; les autres l'auront dégarnie de la peau veloutée qui l'enveloppe avant que le mois soit fini; à ce dernier moment, les vieux cerfs commenceront à raire : ces cris rauques, qui produisent un si étrange effet quand on les entend au milieu du double silence des bois et de la nuit, sont le prélude de la période des amours si tourmentées et quelquefois si meurtrières de leur espèce. A cette époque aussi, les chevreuils subissent une crise analogue, bien qu'elle ne donne jamais de résultats, et qu'on a appelée le faux rut; on met cette anomalie à profit dans certains pays pour les attirer à l'aide d'un appeau et, cela va sans dire, pour les assassiner. Les chasseurs de chamois entrent en campagne le 15 août, campagne nécessairement très courte, et que les neiges ne tarderont guère à clore.

Le mouvemeut rétrograde des migrateurs est déjà nettement dessiné. Les coucous nous ont quittés, bien que l'on rencontre quelquefois un retardataire, mais leurs chants ont absolument cessé. Les martinets vont les suivre. La petite fauvette à poitrine jaune et le bec-figue gobe-mouches s'en vont; le rossignol a quitté les bois pour se rapprocher des champs où il branche dans les haies, sa dernière étape avant le départ. Les ortolans passent du nord au sud et les bisets traversent le Midi de l'est à l'ouest. L'alouette fait sa troisième et dernière couvée.

Dès le 13 août, les plus hâtées parmi les cailles se sont mises en route pour l'Afrique; heureusement leur armée est longue à défiler, et au mois d'octobre, on glanera encore quelques retardataires. Les pluviers-guignards passent dans notre pays pendant le mois d'août, trop tôt, hélas! pour que nous puissions faire fréquemment connaissance avec cet excellent gibier. Enfin, vers la fin du mois, nous verrons apparaître les premiers vols de cigognes et de grues qui se dirigeront vers le sud.

La situation du gibier sédentaire commence à devenir fortement tendue. Cette forêt d'épis, ces nappes de luzerne et de trèfles à la végéta-tion luxuriante qu'il a pu accepter comme spé-cialement créés pour lui ménager des asiles, tombent tour à tour sous la faux ou sous la faucille; cette destruction successive de tous ses asiles doit lui apprendre que les temps sont proches; mais, à part quelques vieux rou-tiers auxquels six mois de quiétude n'ont point fait perdre la mémoire, la jeunesse du poil et de la plume oppose à ces avertissements d'en haut autant de dédain que le Pharaon aux œuvres de la verge de Moïse. Les perdreaux, cependant, sont entrés dans la période de la puberté; ils sont *bréchés*, disent les gardes, c'est-à-dire que les plumes de leur queue tombent pour faire place à d'autres.

Malgré ce commencement de prise de possession de l'uniforme, ils constituent encore un assez pauvre manger; chacun s'empresserait de répudier ces carcasses à peine garnies d'une chair molle dans laquelle on démêle un vague parfum de fourmis, si les intéressés n'avaient pas eu l'adresse de décerner à ce piteux rôti le titre irrésistible de primeur. Elle a un tel prestige, cette étiquette, que je ne sais pas trop ce qu'on ne ferait pas accepter à certaines gens en leur affirmant qu'ils seront les seuls à en manger.

Aussi, si vous ne tenez pas essentiellement à ce que ceux de ces oiseaux que vous possédez aient l'insigne honneur d'être discrètement offerts, sous ce glorieux titre, par un garçon de restaurant, à quelque client plus largement doté en écus qu'en intelligence, c'est le moment de veiller énergiquement à leur conservation.

Vos jeunes compagnies sont sous le coup de deux dangers, le *traîneau* et la *pantière*. Le traîneau à perdrix est un filet à mailles carrées de trente à quarante mètres de longueur et de quatre à cinq mètres de large. Deux perches sont ajustées aux deux côtés de la largeur; elles serviront à soutenir le traîneau que l'on tient raide et dans une position à demi verticale, de manière à rendre sensible toute secousse qui se produirait sur la nappe. La partie inférieure est garnie de petits bouchons de paille qui, en traînant sur la terre, décident le gibier à se lever.

Lorsque les perdrix en se mettant à l'essor frappent la nappe, les porteurs rendent la main afin de donner au filet assez de jeu pour que les oiseaux se maillent, puis, par un mouvement simultané, ils abattent le traîneau et vont prendre possession de la capture. Deux hommes suffisent au maniement d'un traîneau. La pantière, au contraire, exige une équipe assez nombreuse.

Elle consiste en une suite quelque fois très considérable de pièces de filet à mailles simples, mais jouant sur un *maître,* comme dans les panneaux et dans les bourses à lapin, et à l'aide desquelles les braconniers enveloppent une grande surface, ou barrent un des côtés d'une plaine. La pantière se tend à l'aide de fiches assez élevées pour développer sa hauteur sans raidir ses mailles; le maître supérieur repose seul sur ces fiches. Lorsque la pantière est montée, l'équipe qui la sert se divise.

Un nombre d'hommes proportionné à l'étendue qu'embrassent les filets se rasent derrière eux; les autres battent la plaine en convergeant sur la pantière. Lorsqu'une compagnie de perdrix donne dans l'immense nappe, la trépidation qu'elle lui imprime dégage le maître supérieur, et le filet retombant sur les oiseaux les enveloppe. Le surveillant arrive, leur brise le crâne entre ses dents et redresse rapidement le filet pour une seconde prise. Une pantière peut détruire une douzaine de compagnies dans une seule nuit.

L'épinage est la plus énergique des défenses que l'on puisse utiliser contre le traîneau, mais il n'est réellement préservateur qu'à la condition d'avoir été l'objet de soins tout particuliers. Généralement, on emploie des épines trop élevées et trop flexibles. Des épines hautes de trois ou quatre pieds, mais rameuses, hérissées, les porcs-épics du règne végétal, sont ce qui convient le mieux au but que l'on se propose. Au risque de payer quelques bras de plus, il serait bon d'exiger des hommes chargés de ce travail qu'ils laissassent au pied de chaque rameau un rudiment de branche qui, lorsque la terre aurait été fortement tassée autour du brin, offrirait une résistance considérable à la main qui tenterait de les arracher.

Nous recommanderons encore d'entretenir, concurremment avec cet épinage fixe, une certaine quantité d'épines roulantes jetées tout simplement sur le sol. Elles constituent un très puissant obstacle au jeu de tous les outils du braconnage. Lorsque, dans une de ses menées, le filet les ramasse, elles s'enchevêtrent si bien dans le réseau, que très souvent les braconniers préfèrent renoncer à leur entreprise plutôt que de perdre leur temps en essayant de le dégager.

Quant à la pantière, nous ne connaissons contre elle qu'un seul remède : une surveillance rigoureuse et des patrouilles avec renfort d'auxiliaires toutes les nuits où la clarté de la lune sera assez vive pour permettre l'emploi de ce redoutable engin.

SEPTEMBRE

I

La Lessive au village

Il n'est pas rare que le premier frisson de l'automne vienne nous surprendre au milieu du plus radieux peut-être des ensoleillements de l'été. En ce mois de septembre, il suffit parfois d'un orage pour bouleverser la température; on étouffait la veille, le lendemain, au soir, on réclame le renfort d'un paletot. Il en est de ces prémices de l'hiver comme du premier cheveu blanc : la menace qu'il représente impressionne plus désagréablement que sa réalisation. Déjà fini, ce temps des journées longues et illuminées, des soirées tièdes, des nuits étoilées, des amours et des petits pois! On a beau faire flèche de philosophie, il est impossible de songer, sans quelque tristesse, à ce qui va leur succéder. Mais il faut bien que je l'avoue, ce découragement en face des présages de la saison rigoureuse est un des travers de l'âge mûr; celui-ci hait l'automne, non pas tant parce que le déclin lui rappelle le sien, que parce qu'une voix instinctive lui dit : Dans sept mois, à l'heure de la résurrection, seras-tu là pour y assister?

La jeunesse insouciante, dont le cœur garde un reflet du réjouissant soleil, est absolument insensible aux vicissitudes des saisons. Le paysan les voit également venir avec une parfaite indifférence, mais pour d'autres raisons. La température fait partie de son outillage, l'atmosphère est un des rouages de sa machine; tout ce qu'il leur demande, c'est de fonctionner pour la plus grande prospérité de sa fabrication spéciale. Que lui parlez-vous de beau temps? Il ne connaît, lui, que le bon temps, et le bon temps c'est tour à tour le soleil, la pluie, la bise, la gelée, la neige, selon que la terre réclame les offices des uns ou des autres, et le paysan a raison.

En ce moment, nous tenons du bon temps : ces nuages qui courent bas, chassés par les rafales, ces averses qui se succèdent et contre lesquelles nous autres, oisifs, ou peu s'en faut, nous pestons, vont humecter la terre et faciliter le dernier labour qui précédera les semailles d'automne; cette bise aigre, qui soulève si désagréablement la coiffure du chasseur arpentant la plaine, vient à souhait pour sécher les pommes de terre que l'on arrache et permettra de les enlever rapidement ; la vigne elle-même, dont les fruits sont en maturation, n'a pas à s'en plaindre ; il n'est guère que la ménagère, qui va entamer l'importante opération de la lessive, pour souhaiter le retour du soleil.

Les Parisiennes seraient bien étonnées des proportions que peut affecter une petite affaire, qu'elles traitent toutes les semaines en moins de dix minutes avec une femme armée d'un panier. De toutes les vieilles traditions rustiques, celle du linge a été la plus tenace et reste la plus religieusement conservée. La paysanne a abandonné sa coiffure nationale, elle taille ses robes sur quelque vieux patrons des femmes de la ville, elle porte des paletots, des bonnets fleuris, des bottines, elle garnit ses robes de volants, elle s'agrémente d'un ruban dans le dos, mais elle garde sa vénération, son culte pour le linge, il n'a pas cessé d'être l'objet de toutes ses convoitises, de toutes ses ambitions. Un jeune ménage boira de l'eau pendant un an, pour mettre une douzaine de chemises ou quelques paires de draps dans l'armoire. Il y a des femmes de journaliers mieux fournies, sur ce point, que bien des bourgeoises en robe de soie ; ce sera toujours à grossir le trousseau que seront consacrées les économies de ce couple économe.

Cette armoire où elle entasse ses trésors, la paysanne ne l'ouvre pas sans un certain re-

cueillement; c'est avec une sorte d'extase qu'elle
contemple ces piles de grosse toile, si artiste-
ment rangées, éblouissantes de blancheur; il
semble qu'elle s'enivre de la balsamique odeur
de lessive, accentuée par le parfum d'iris qui
s'en exhale, et je doute fort que jamais entas-
sement de pièces monnayées ait provoqué un,
aussi sincère épanouissement de satisfaction
et d'orgueil.

Elle ne peut manquer d'être jalouse de la
conservation d'objets auxquels elle attache un
tel prix, cette paysanne; elle sait que le lavage
est bien plus à redouter pour eux que l'usage;
aussi espace-t-elle ses lessives autant que les
ressources de la fameuse armoire le lui permettent, et les réduit-elle, si elle le peut, à deux
par an. Après la moisson, la grande œuvre est
de rigueur.

Quinze jours à l'avance, elle est le sujet per-
manent de tous les entretiens; la ménagère
suppute en soupirant ce qu'il lui en coûtera en
journées de femmes, en savon, etc.; elle exalte
les peines, les fatigues qui l'attendent, un peu
pour humilier la fraction masculine de la famille
qui se figure toujours qu'elle seule a du mal en
ce bas monde. Quand les travaux préparatoires
de l'échangeage sont commencés, elle gourmande le mari pour qu'il façonne le bois nécessaire; à l'entendre, jamais elle n'en aura assez;
mais ces hommes sont si insoucieux des soins
de l'intérieur! La veille du grand jour, le cuvier

lavé, rincé et surrincé, est installé sur son tré-
pied dans la chambre, entre les lits et la cheminée, remplissant tout l'espace libre de sa
majestueuse rotondité.

Après en avoir garni le fond de sarments,
soigneusement conservés pour cet usage, qui
ont pour mission d'empêcher que l'orifice
d'écoulement ne s'engorge, la femme y entasse
son linge pièce à pièce avec des précautions
minutieuses, et en le chargeant d'une cendre
de bois scrupuleusement tamisée. Le lendemain, avant l'aube, l'immense chaudron est
accroché à la crémaillère, le feu s'allume et caresse ses flancs noircis. Ah! ce n'est plus le feu
pauvreteux par lequel on essaye, en hiver, de
réchauffer ses membres engourdis, deux tisons
fumeux qui se baisent; la grande cheminée
flambloie; la flamme vive, ardente, monte jusqu'à son manteau; le bois craque et pétille,
projetant des milliers d'étincelles, dont quelques-unes, se fixant sur la couche rugueuse de
la suie, en illuminent les sillons; le chaudron
commence à gronder sourdement; le tuyau de
décharge est fixé au trou du cuvier, assujetti
sur les traverses d'une chaise, et bientôt, quand
se produit l'ébullition, la grande maîtresse de
l'œuvre, sa couleuse à la main, entame solen-
nellement l'opération.

Vers le midi, quand les fils et le père revien-
dront des champs, elle sera dans son plein.
Les flambées de l'âtre n'ont rien perdu de leur

activité; aux bouillonnements du chaudron se mêle le murmure du filet de lessive que le tuyau lui ramène. La couleuse, de son côté, va et vient sans relâche; des nuages d'une buée épaisse, s'élevant de cette montagne de linge, ont rempli la chambre d'un brouillard opaque et tiède, à travers lequel passent et repassent comme des ombres les femmes aux bras nus, aux visages empourprés, aux fronts ruisselants de sueur. Bien mal avisés ils seront, les pauvres gens, s'ils s'avisent de parler de soupe à ces lessiveuses affairées :

— De la soupe! s'écrie immédiatement une voix aigre et criarde, nous avons bien le temps d'y penser à votre soupe; vous croyez peut-être que nous nous amusons? Vous ferez comme nous, vous vous en passerez aujourd'hui, de soupe!

Quoi qu'on ait dit de la brutalité du paysan, il est bien rare qu'il réplique; cette incarnation du travail en respecte toujours les exigences. Il prend silencieusement un morceau de pain, du fromage dans la huche, et le mange, assis avec résignation sur le pas de la porte, pour ne pas gêner les femmes.

La lessive n'est que le second acte d'une pièce qui en a quatre et quelquefois cinq. Après celui-là viendra le blanchissage, une fête au grand air celle-là, toujours joyeuse, bien qu'elle soit souvent plus laborieuse et plus pénible que l'autre tableau; le lavoir communal, au bord de la rivière, avec encadrement de saules grisâtres se détachant sur la tonalité ferme des aunes et des peupliers, en est le théâtre. Je n'oserais pas vous jurer que les personnages en scène sont très sensibles aux charmes du décor; la douce musique des joncs murmurants, les feux capricieux des rayons tamisés par le feuillage couvrant la nappe brune de flamboyantes mouchetures, les laissent absolument indifférentes; mais le lavoir représente au village ce que, dans un style en passe de devenir mondain, on appelle la halle aux potins. Tout en secouant, en tordant la toile bise d'un poignet vigoureux, dames et demoiselles épluchent rigoureusement les faits et gestes des voisins, et surtout des voisines; les méchants propos pleuvent aussi drus, aussi serrés que les coups de battoir; les torchons sortiront de là plus nets que les réputations; et la médisance a de tels charmes pour la villageoise que, quelle que soit sa fatigue, elle considérera toujours la journée au lavoir comme une partie de plaisir.

Après, viendront le séchage, le pliage, le repassage des pièces les plus fines, travaux complémentaires qui prendront encore une grande quinzaine; puis, le linge triomphalement réintégré dans son sanctuaire, fournira une nouvelle série de jouissances à sa propriétaire qui, le jour où elle entre-bâillera l'armoire devant un profane, ne manquera jamais de s'écrier avec un accent légèrement ému :

— Flairez-moi cela, et dites-moi si votre linge de Paris a un goût qui ressemble à celui-là! Sans compter que voilà des draps qui ont servi à ma grand'mère et qui dureront encore plus que moi. Ah! c'est que nous autres, nous ne mettons pas d'infamies dans notre lessive, comme vos blanchisseuses!

La blanchisseuse de Paris est la bête noire de la paysanne : le vol, l'assassinat pourraient la laisser froide; mais brûler du linge avec le chlore, jugez donc!

Il n'est donc pas besoin d'ajouter qu'elle reste absolument réfractaire aux inventions de l'industrie moderne en ce qui concerne son travail favori. La lessiveuse économique, elle la traite irrévérencieusement de sale marmite. A-t-elle tort, a-t-elle raison? Nous ne sommes pas compétents pour en décider et nous ne nous permettrons de hasarder qu'une simple réflexion. Depuis quelques années, l'économie est devenue le mot d'ordre du progrès; avec les lessiveuses économiques précitées, il nous a dotés du fourneau, de la rôtissoire économiques, du beurre économique, du vin, de la bougie, du sucre, que sais-je encore? tous plus économiques les uns que les autres; cette économie resplendissant sur toute la ligne, n'est-on pas en droit de se demander comment il se peut faire que la vie devienne de plus en plus dispendieuse?

II

Le premier feu

Le paysage s'est singulièrement assombri.
Les journées sont encore tièdes, mais le matin,
quand le soleil se lève, il lutte longtemps avant
de percer le rideau de vapeurs qui enveloppe
l'horizon, et les soirées sont franchement froides.
La végétation a perdu son activité, son œuvre
annuelle est accomplie et son déclin ne tardera
guère à s'accuser par la coloration automnale du
feuillage qui donnera à la vallée sa physionomie
la plus pittoresque. Les plantes herbacées conservent seules la puissance de leur tonalité :
l'éternelle histoire de la vitalité des humbles.
Les grands peupliers auront perdu de leur
parure, que les prés qu'ils encadrent garderont
longtemps encore une verdure plus intense
qu'elle ne l'était au printemps.

Nous n'avons pas encore trop à nous plaindre,
car nous pouvions être privés beaucoup plus
tôt de tout ombrage. Le 9 août 1863, à la suite
d'une chaleur étouffante qui avait régné sur
Paris, tous les marronniers de la grande allée

de l'Observatoire, au Luxembourg, perdirent en une nuit toutes leurs feuilles qui, la veille encore, étaient parfaitement vertes, et, sans remonter aussi loin, des cas de véritable insolation ont été observés chez des végétaux, pendant l'été de 1883.

Nous voilà donc en route pour l'hiver, il faut en prendre notre parti. La résignation nous sera d'autant plus facile que les deux mois qui nous en séparent ne nous semblent pas les moins agréables de la vie des champs; nous ne trouvons point du tout mal avisés ceux qui les préfèrent à ces journées caniculaires où la respiration exige un effort, où l'on transpire rien que pour ôter son chapeau. Si la tiède soirée en plein air a ses charmes, est-ce que la flambée dansant joyeusement dans l'âtre, lorsqu'on la retrouve au retour soit de la promenade, soit de la chasse, n'a pas les siens? Ce qui me console quand je suis mouillé, nous disait un vieux chasseur au marais, c'est la pensée de la volupté que je vais trouver à me sécher. La vérité est que le bonheur est fait de ces contrastes.

Le soir, quand il rentre fatigué, quelquefois mouillé, soit des champs, soit de la chasse, le campagnard commence à trouver une certaine volupté dans la station au coin de l'âtre.

Bien entendu, aux champs, nous n'admettons pas d'autre feu que le feu de bois.

Nous n'aimons guère le fourneau de fonte trônant dans toutes les cuisines, sous prétexte d'éco-

nomie; la cheminée moderne ne nous semble
pas mériter plus d'indulgence. Malgré son
luxueux encadrement de marbre, de bois
sculpté, ses tablettes de tapisserie ou de bro-
cart, ce trou de la muraille, chichement mesuré,
toujours par économie, n'est en réalité qu'une
contrefaçon de la chaufferette. Son rideau venti-
lateur facilite singulièrement l'allumage, elle
distribue une plus forte somme de calorique et
supprime quelquefois la fumée ; sur ces points,
les progrès sont incontestables.

Oui, le charbon de terre est un progrès ; à ce
titre, nous sommes pour lui pleins de respect ; il
nous semble que c'est tout ce qu'il est en droit
d'exiger. C'est bien assez de le subir quand les
devoirs sociaux nous l'imposent ; il n'est point
assez aimable pour prétendre au huis clos de
l'intimité. Ce combustible industriel fournit un
feu bête comme tous les violents, il vous rôtit le
nez, sous prétexte de vous réchauffer les tibias ; il
force à recourir à l'écran qui, en vous préservant
de ses brutales caresses, vous dérobe la vue si
réjouissante de la flamme ; il empeste par-dessus
le marché : aussi faut-il laisser ce prétexte à
migraine à la forge, à l'usine, ses domaines. Le
véritable combustible du solitaire, c'est le bois :
une allumette sous le faisceau de brindilles, et
il aura un compagnon avec lequel le tête-à-tête
sera plein de charme et d'imprévu.

Elles ont des voix, ces bûches empilées dans
le foyer, des voix qui d'abord s'exhalent en

plaintes, en murmures, puis chantent par les mille languettes bourdonnantes de leurs flammes ; elles deviennent de plus en plus bavardes à mesure que la combustion s'active, comme un interlocuteur qu'anime la contradiction ; elles rendent des craquements semblables à un rire féminin, elles crépitent, elles pétillent en projetant des milliers d'étincelles, et tout cela en vous donnant une chaleur douce, continue, si agréable que ce n'est jamais sans regret que vous la quittez pour gagner votre lit, cette bienfaisante cheminée.

Oh ! la flambée, cette flamme alerte et capricieuse qui dentelle si gaiement le noir conduit où elle s'engouffre, et qui représente la poésie du feu, comme les rayons qui illuminent sont la poésie du soleil. Elle était le charme de l'antique et haute cheminée que l'on ne retrouve plus guère que dans les chaumières aujourd'hui. Un demi-fagot brûlait à l'aise dans son vaste foyer, sur ces grands chenets dont le fer poli semblait s'embraser à ses reflets. A mesure que le sang circulait plus rapide dans les membres réchauffés, on subissait l'attraction de la pittoresque « gallée » ; on éprouvait une jouissance positive, mais indéfinissable, à contempler le papillotement de ces jets éblouissants s'élevant du brasier, à entendre les crépitements des brins se tordant à ses caresses. Les chiens eux-mêmes ne paraissaient pas insensibles à leurs agréments ; gravement assis sur leur

queue, et si près de la flamme, que de leurs
poils humides montait une buée qui les enve-
loppait, on eût dit, aux regards mélancoliques
avec lesquels ils la suivaient dans ses jeux,
qu'ils y trouvaient quelque intérêt.

De tous les animaux domestiques, le chien et
le chat sont les seuls qui aient appris de nous
à se chauffer. Nous ne jurerions pas, cependant,
qu'ils apprécient ce que nous appelions tout à
l'heure la poésie du feu. Nous étant fait une loi
de ne jamais surfaire l'intelligence des animaux, nous avouerons même qu'ils nous ont
paru en comprendre très imparfaitement les
effets. Il est très probable que vous pourrez
cribler les chiens ci-dessus de coups de bottes
sans les décider à quitter une si agréable place.
Un minuscule charbon en roulant du foyer dans
leur direction réussira à les mettre en déroute.
Pour renvoyer cette épouvantail d'où il est venu,
il suffirait d'un simple mouvement de leur
patte ; jamais vous ne les verrez le hasarder.
Il y a bien là-dessus une histoire d'un chien
auquel son maître avait commandé de rapporter
une braise incandescente et qui obéit, après
l'avoir préalablement éteinte avec l'arrosoir de
la nature. Mais si elle n'a pas été empruntée
aux aventures du baron de Munchhausen, elle
est parfaitement digne d'y figurer. Soyez sûrs
que les dépossédés de tout à l'heure attendront,
avec quelque impatience sans doute, mais avec
une parfaite résignation, que le charbon ait

perdu sa coloration menaçante pour revenir à la rôtissoire. Le chien ne joue jamais avec le feu, et en cela, il se montre plus avisé que ses maîtres.

III

Chasse

C'est en septembre que commence le grand mouvement des migrateurs. Les oiseaux de marais et de rivage : courlis, pluviers, vanneaux, combattants, chevaliers, représentent les batteurs d'escadre de la grande armée d'échassiers et de palmipèdes qui va passer du nord au midi ; leurs bandes ont déjà commencé à se montrer depuis le milieu du mois.

Pendant qu'ils débarquent, d'autres voyageurs quittent l'hôtellerie : la huppe, le rollier, la fauvette grise, la fauvette des roseaux, le gobe-mouches, le cul-blanc, la guignette ; le loriot a disparu dès la fin d'août avec les martinets ; l'hirondelle de cheminée se met en route à son tour ; les cailles et les râles de genêt passent sans relâche, mais en laissant toujours derrière eux des traînards ; il est très fréquent de rencontrer des cailles attardées jusqu'à la mi-octobre ; nous en avons tué une dans les premiers jours de novembre, sur les bords de la Marne, il y a quelques années. C'est à la Notre-

Dame de septembre que commence la chasse des bisets dont le passage se continuera jusque vers le milieu de novembre. Ils sont avec les ramiers ou palombes qui arrivent également en ce moment, allant de l'est à l'ouest, les objectifs actuels des chasseurs du Midi, qui les prennent aux filets ou les fusillent, montés dans des sortes de tourelles spécialement construites pour les attendre : nos compatriotes ont encore dans ce mois, les ortolans qui se concentrent dans leurs régions, et le becfigue qui, arrivé à son maximum d'embonpoint, rachète par sa délicatesse la petitesse de son volume. Les années où, à la suite d'un été froid, les grives ne s'arrêtent guère dans les vignes du Centre, qui ne leur offriraient alors que du verjus, les Nemrods de la Provence en tuent beaucoup à l'arbret. Le Midi est beaucoup plus favorisé que nous sous le rapport des oiseaux de passage, et quand nous aurons nettoyé nos champs de leur dernière perdrix et nos bois de leur dernier lièvre, ce sera le tour des chasseurs au poste de se moquer de nous.

Les jeunes cerfs ont touché au bois dans les premiers jours de septembre, et les vieux sont dans la période des amours. Ces amours n'ont rien de l'idylle et seraient plutôt du domaine de l'épopée. Je doute que chez les carnassiers les plus terribles la passion affecte un caractère aussi violent que chez ce simple ruminant, de mœurs relativement douces et généralement inoffensif. C'est dans les buissons où il s'était cantonné pour réparer l'épuisement du refait, qu'il en ressent les premières atteintes; son cou et sa gorge enflent, il devient inquiet, il rait avec force et ce cri rauque et prolongé entendu dans le silence des nuits a quelque chose d'effrayant.

S'il n'a pas de biches dans son voisinage, il quitte son fort et, cédant aux transports qui le fouaillent, se montre dans les champs, change de forêt, s'arrêtant pour interroger la brise à pleins naseaux et jetant aux échos son raiement lamentable; d'autres fois, on le voit se précipiter sur un arbre, sur un buisson que son délire a transformé en un ennemi imaginaire et le charger à coups d'andouiller. Il prélude aussi aux combats qu'il livrera à ses rivaux, combats dans lesquels les deux champions, animés d'une égale fureur, luttent avec un tel acharnement qu'il n'est pas rare que l'un d'eux y perde la vie. On a trouvé dans la forêt de Fontainebleau des cerfs qui, ayant entrelacé leurs bois dans un de ces duels d'amour et n'ayant pu se dégager, étaient morts rivés l'un et l'autre au corps de son ennemi. Ajoutons que l'acharnement des combattants fait ordinairement beau jeu au troisième larron, quelque daguet, quelque deuxième tête qui vient mêler une note gaie à cette tragédie. Capricieux, inconstant comme tous les sultans, le cerf se lasse rapidement de celle pour laquelle il a joué sa vie, et rendu à ses fureurs recommence une nouvelle recherche.

Dans les forêts très vives en fauves, il lui arrive
cependant de rassembler une bande de biches
sur lesquelles, pendant les trois semaines que
durera son effervescence, il veillera avec une
rage jalouse, toujours à l'éveil pour rôder autour
de son troupeau; amaigri, efflanqué, le poil
piqué et souillé, châtiant à coups de tête celle
de ses odalisques qui s'écarte trop à son gré
de la bande, ou se précipitant, aussitôt qu'ils se
montrent, sur les cerfs évincés qui ne quittent
point les alentours. C'est cependant de ce joli
spectacle que le roi François II et Marie Stuart
ne pouvaient se rassasier!

Les louveteaux vont passer louvards; ils commencent à quitter les couverts pour se hasarder
dans les chaumes en quête d'un premier exploit.

IV

Chasses mondaines

Quant à la chasse en elle-même, vétérans et néophytes, encore dans le premier feu de l'ouverture, s'adonnent à peu près exclusivement aux déduicts de la gaie science. Si nous disons gaie, c'est pour obéir à une vieille tradition ; la chasse conserve probablement encore cet aimable caractère dans le Midi, ou, comme l'a si délicieusement raconté Alphonse Daudet, lorsque le gibier manque au rendez-vous, on ne s'amuse pas moins comme des dieux en criblant de plomb ses casquettes. Dans la région du Centre, au contraire, elle est devenue prodigieusement scientifique, mais elle a tout à fait cessé d'être gaie.

Où sont-ils, ces départs encore plus joyeux que tapageurs en breaks, en chars-à-bancs, voire dans la rustique carriole, où l'on s'encaquait douze dans un récipient fait pour six, où ce qui nous sert à nous asseoir, n'y réussissait qu'au prix de combinaisons assez ingénieuses pour honorer une honnête cervelle; où, dans le bas-fond, grouillait, geignait, trépignait, grondait un méli-mélo de jambes d'hommes, de fusils et de chiens tellement compact que ce n'était jamais sans effort qu'à l'arrivée chacun parvenait à en arracher son morceau. Et les lazzis et les apostrophes, dont sur la route — le *cant* n'ayant pas encore été inventé — on ne manquait jamais de saluer les passants, quelquefois entachés de gauloiseries, il faut l'avouer, mais toujours accompagnés de rires si francs, si communicatifs, que les braves gens, en s'y associant bon gré mal gré, vous avaient déjà octroyé votre pardon.

Et le dîner dans quelque mauvaise auberge de village perdu? La chère était ordinairement assez maigre, quoiqu'elle servît de couronnement à une journée toujours rudement employée. On y arrivait boueux et traînant la jambe, écrasé de fatigue ou ployé sous le poids, encore plus lourd à porter, de la désolante bredouille; mais, aussitôt que la causerie avait pris le dessus sur le cliquetis des fourchettes et des verres, demi-fourbus et bredouillards ressucitaient comme par enchantement. Les propos traversaient la table, les ripostes ne se faisant jamais attendre, jusqu'à s'échanger sous la forme d'un feu roulant. La chasse, les incidents de la journée, constituaient bien entendu le thème de la conversation; mais on n'en envisageait guère que le côté badin, en se gardant comme de la peste de ces théories nuageuses, si fort à la mode maintenant, préférant de beaucoup railler les menus travers, les petits ridicules, que ces récits que chacun faisait de ses exploits mettaient en saillie; on s'en acquittait sans fiel et, comme les saines émotions de cette journée de belle humeur et de fatigue avaient épanoui tous les esprits, les plus raillés ne songeaient pas à s'en offenser. La soirée s'est souvent terminée pour nous par quelques chansons de chasse de sa composition, que le pauvre Léon Bertrand entonnait de cette voix tonitruante qui faisait littéralement trembler les carreaux dans leurs alvéoles de mastic. Quel cuivre! La trompette de l'archange de la vallée de Josaphat! Pour mon compte, une heure après et couché, j'en tressautais encore dans mon lit comme les carreaux.

Tout cela est de l'histoire ancienne; la satisfaction bruyante, le sans-façon du cabaret, comme les chansons, sont déclarés de mauvais goût; « les bonnes farces » qui laissaient rarement échapper l'occasion de se produire, le lapin empaillé, l'affût d'un gibier fantastique, les moustaches de bouchon brûlé aux bredouillards, sont qualifiées d'idiotes. Depuis qu'elle coûte si gros, la chasse, ayant pris rang d'affaire, ne comporte pas plus d'hilarité que n'importe quelle autre; quelques-uns même l'élèvent à la dignité de sacerdoce! Jugez un peu.

On arrive grave, recueilli, presque solennel,

au chemin de fer avec une grosse liasse des feuilles du soir ou du matin sous le bras ; on monte dans un compartiment de premières, où, confortablement installé, on s'abreuve à ces diverses coupes débordant du nectar de la politique. Si l'on a un compagnon, si l'on rencontre dans le wagon quelqu'un avec lequel une présentation préalable autorise un bout de causette, on fait trêve à cette lecture absorbante pour s'inquiéter avec lui des faits et gestes de l'emprunt égyptien, des probabilités des élections prochaines ou d'autres drôleries aussi réjouissantes. Sur le terrain, on chassera en ligne, à l'anglaise, sans cesse rappelé à l'alignement ou convié à la halte, distraction que rappelle avec avantage l'exercice du réserviste pendant ses vingt-huit jours. La revue du tableau — c'est ainsi que l'on nomme le gibier tué aligné devant le château à la rentrée des chasseurs — fournira à chacun la mesure du plaisir qu'il doit accuser ; enfin, on trouve le complément de ces ivresses en endossant un habit noir et une cravate blanche pour s'asseoir à une table somptueusement servie, où, le beau sexe étant toujours représenté, il sera correct de mettre des sourdines à son humeur folichonne si, par hasard, on prenait encore au pied de la lettre ces clichés démodés de la « gaie science » et du « joyeux chasseur ».

Il ne me semble pas que ce parallèle entre hier et aujourd'hui soit inspiré par une de ces

illusions d'optique particulières au déclin de la
vie. Ce n'est point le chagrin de ma jeunesse
envolée qui pousse au noir ce tableau des fêtes
cynégétiques d'a présent. Je vois tous les jours
des vieillards que ce plaisir de la chasse transforme et rajeunit, et je vois également des
jeunes gens s'en « amuser » avec une gravité
morose que ne déparerait pas une couronne de
cheveux gris. Le développement de l'anglomanie
est peut-être pour quelque chose dans cette solennité de la récréation, mais elle tient surtout,
à mon humble avis, à la part considérable que
prend la vanité dans la vocation de nos Nemrods. La vanité se suffit à elle-même. *Fara da
se*, suivant l'ancien cri de guerre italien : pour
s'épanouir, elle dédaigne les auxiliaires.

V

Chasses rustiques

Heureusement que le chasseur rustique a, Dieu merci ! de plus réjouissantes aubaines : en cette saison, par exemple, ses instincts se trouveront agréablement caressés par une petite excursion dans les Landes. L'espace et l'imprévu, voilà, pour lui, ce qui représente l'idéal, et il ne tient qu'à lui de le voir se réaliser dans ce pays de l'eau vinaigrée et de la galette de maïs, de la fièvre et de la pellagre. Sur un espace de plus de six cent mille hectares, le sol a conservé ses virginités primordiales ; il résiste aux tentatives qui sont faites pour l'améliorer ; il affecte, au centre du vieux monde, à quelques lieues à peine des célèbres châteaux du Médoc, une physionomie âpre, sauvage, qui rappelle de loin les prairies des deux Amériques.

Les dunes occupent le littoral de l'Océan, les étangs baignent le pied des dunes et la lande commence où finit le marécage. Chasse de bois, chasse au marais, chasse de plaine, le Landais a tout cela sous la main. Il peut, dans la même journée, lancer loup, renard ou chevreuil dans les forêts dont l'administration a doté ses côtes, demander à la lande le tribut de lièvres, de lapins, de perdrix rouges qu'elle ne lui refuse jamais, et vider sa poire à poudre sur les innombrables variétés d'oiseaux de marais et de passage qui pullulent et sur les larges nappes de ses étangs et sur les terrains noyés qui séparent ceux-ci les uns des autres. Que pèsent à côté de cette indépendance de parcours, de cette attrayante diversité des objectifs, les tueries méthodiques et monotones de nos bois des environs de Paris?

Le Landais n'a garde de dédaigner la royauté cynégétique qui sert de compensation à ses misères. Il est resté trop primitif pour ne pas aimer la chasse, non pas seulement pour ses profits, mais comme la seule distraction qui vaille la peine qu'il se passionne. Il lui consacre tout le temps que n'absorbent point les soins du maigre troupeau qu'il surveille. Le plus souvent il cumule. Sous prétexte de sauvegarder ses moutons de la dent des loups, il emporte dans la lande un fusil qui, à défaut du carnassier, saura se contenter d'un rongeur; ou bien il utilise les loisirs que lui laisse son tricot à émailler les ajoncs de collets et de logettes. Lorsqu'on va de Bordeaux à Bayonne, les rares échantillons de l'espèce humaine qui se montrent pour protester contre les similitudes sahariennes du paysage sont des bergers ou des chasseurs.

On a beau être fait à l'idée que le corps d'un Landais se termine invariablement par deux perches de cinq pieds de haut, la première fois qu'on les aperçoit explorant les roseaux, huchés sur leurs échasses, on ne saurait s'empêcher de concevoir quelques appréhensions sur les conséquences de cette fatigante gymnastique. On ne tarde pas à se raccommoder avec cette façon de cheminer, merveilleusement appropriée à la nature d'un sol qui reste sablonneux même dans le marécage. Cependant, gardez-vous de pousser l'enthousiasme jusqu'à vous laisser séduire par l'agrément de pouvoir traverser les ruisseaux à pied sec. Un de nos camarades, auquel ses succès dans un des délassements de son enfance avaient iuspiré quelque présomption, s'avisa de s'adapter à ce singulier véhicule. Aux premiers pas qu'il balbutia dans les joncs de l'étang de Lacanau, ayant vacillé sur sa base, notre ami se trouva projeté, tête en avant, dans un endroit où l'eau était juste assez profonde pour lui permettre de déployer ses agréments de beau nageur, si les deux rallonges dont ses pieds étaient garnis lui en eussent laissé la faculté. L'un des appendices fit heureusement l'office d'un manche à l'aide duquel on parvint à le tirer de cette situation ambiguë.

Nous ne saurions trop recommander aux chasseurs touristes, que la pénurie giboyeuse de leurs cantons pourrait décider à aller se retremper quelque peu dans ce pays d'élection,

de ne jamais s'écarter de leur guide. Très
souvent on suppose un but intéressé aux avis
que nous donnent ces braves gens. Il est bon
d'être averti que si les marais des Landes ont
des agréments sans nombre, ils exposent à des
dangers assez multipliés. On y rencontre ce que
les gens de la contrée appellent des *mouvants*,
abîmes que recouvre un sable perfide et dans
lesquels un pas imprudent peut avoir de fatales
conséquences.

OCTOBRE

I

L'automne au bois

Pas de trêve, pas de lacune au resplendisse-
ment. Les nuages ont perdu l'habitude de venir
faire tache sur l'azur, soit le matin, soit le soir :
l'astre se lève radieux, il se couche dans un
embrasement.

Coquetterie du vieux dieu peut-être, car voici
le seul moment de l'année où il trouve dans le
paysage un placement vraiment digne de ses
rayons. Au point de vue du pittoresque, les
bourgeonnements du printemps ne méritent
pas trop qu'il se mette en frais d'illuminations.
Quant à l'été, c'est une autre affaire.

— Ne trouvez vous donc pas ce bal charmant,
mademoiselle? disait dans une fête de l'été
dernier un danseur à une jeune personne d'une
franchise un peu naïve.

— Ah ! Monsieur, lui répondit-elle, il m'est impossible de trouver quelque chose joli quand je transpire !

Elle n'avait pas tort au moins de le penser : allez donc vous extasier sur quoi que ce soit quand vous étouffez. Il y a bien la fraîcheur des bois ! Parlons-en de la fraîcheur des bois, une rengaine poétique à cataloguer avec les promenades sous la coudraie et les danses sur la fougère. Ces belles images ont dû éclore dans l'imagination d'un citadin faisant sur Pégase sa première reprise de manège. Les bois, en été, représentent un four dont il faut se dépêcher de sortir si on ne tient pas à être cuit.

La promenade sous bois a de tout autres charmes en automne, alors que la voûte est toujours assez épaisse pour abriter, mais que la brise plus fraîche attiédit la concentration de calorique qui se produit pendant la journée dans les dessous forestiers.

L'automne est pour ces bois la saison du triomphe, celles où leurs beautés sont dans tout leur éclat, celle où nul trouble-fête ne vient gâter les charmes de leur parcours. Une véritable révolution s'est opérée dans la physionomie de la forêt qui s'étage sur la colline. Elle a perdu cette tonalité verdoyante dont la monotonie lui donnait, à distance, un caractère triste et morne ; seul, le chêne, qui y domine, a conservé sa parure d'un vert sombre ; elle s'est accentuée, elle tourne au noir, elle sert de

repoussoir à la floraison des feuillages des
autres essences, car cette transformation suprême est si complète, qu'on pourrait l'accepter
pour un épanouissement.

Les feuilles cordiformes des peupliers, dont
les fuseaux s'élancent de loin en loin de quelques bas-fonds, sont d'un beau jaune; jaunes
aussi, mais plus éclatantes, celles du bouleau;
quand le soleil de midi les noie de ses feux on
dirait une buée d'or s'élevant au-dessus d'une
colonne de marbre. Ça et là les rouges, tantôt
vineux, tantôt lavés d'amaranthe et de pourpre, dans les buissons surtout, sur la vigne
vierge, quelques viornes, les épines-vinettes,
les sumacs. C'est en roux, après avoir passé
par le jaune pâle, que s'est teinte la feuille
élégante du châtaignier. Quelques cimes se
sont déjà dénudées, les trembles allongent
leurs grands bras grisâtres, ils affectent, avant
l'heure, la livrée funèbre qui, pendant sept
mois, sera celle des végétaux. Sur tout cela
s'étend, comme un vernis, un rideau de vapeur
transparente, qu'un rayon troue par intervalles
en avivant par places ces coloris disparates.

Le sentier est déjà jonché de feuilles sèches,
les plus hâtées dans la mort; les dessous ont
commencé à se dégarnir à droite comme à
gauche; la maturité des feuilles comme des
fruits commencent toujours par les bases; les
taillis s'ouvrent devant le regard; entre les
cépées aux brins luisants, on aperçoit partout

où l'humidité séjourne, les massifs de ronces aux mille bras déliés, s'enchevêtrant comme des serpents et qui, grâce à l'abri sauvegardant leurs feuilles d'un vert gai, deviendront la providence du chevreuil en hiver. La flore cryptogamique de l'arrière-saison, les cèpes, les bolets, les amanites, les agarics étalent leurs chapeaux multicolores au pied de quelques grands arbres, sur les bords du chemin surtout, où l'air a circulé, où quelque rayon vivifiant, perçant le dôme, a pu féconder la terre.

Admirons, si bon vous semble, ces curieuses végétations, depuis le cèpe au chaperon de satin brun doublé de velours couleur de soufre, jusqu'à la fausse oronge au parasol d'un rouge éclatant comme celui des belles dames d'aujourd'hui ; mais, si vous m'en croyez, passons. Je sais qu'il existe des connaisseurs qui jamais ne s'y trompent ; mais cette distinction des bons d'entre les méchants me semble aussi épineuse que le sera la besogne du jugement dernier ; quelle que soit ma confiance dans l'expérience du naturaliste, je crains toujours un peu que quelque gredin affublé d'un faux nez ne se soit insinué dans cette réunion d'honnêtes champignons ; je partage encore l'opinion du rat des champs, et je dis avec lui : « Fi d'un plaisir que la crainte peut corrompre ! » Ces réflexions me décident ordinairement à m'abstenir de ces cueillettes toujours aventureuses peu ou prou.

Du reste, si par hasard vous étiez porté sur votre bouche, des intermèdes assez fréquents de la promenade forestière vous donneront les satisfactions dont vous êtes jaloux, et vous rentrerez, sinon, l'estomac bien garni, au moins les poches pleines. Les châtaigniers portent au bout de chaque rameau un bouquet de hérissons dont quelques-uns, entr'ouverts, laissent apercevoir l'écorce vernissée des châtaignes qu'ils protégeaient ; baissez-vous et ramassez ; plus loin, dans une clairière, voici un néflier sauvage assez richement pourvu, lui aussi, pour se montrer prodigue ; puis de petites pommes aigrelettes, des cormes, des cornouilles, tous les éléments d'un fruitier d'anachorètes, sans compter les faînes et les glands. Ceux-ci sont d'une abondance extraordinaire qui ménage de plantureuses mangeures aux sangliers, mais qui vaudra aussi, cette nourriture ayant l'inconvénient d'aigrir considérablement le caractère des bêtes noires, de nombreuses estafilades aux braves chiens qui auront mission de les amener au ferme.

En revanche, à ce moment de la saison, les bruits sont presque nuls dans la forêt ; tous ses hôtes ailés, artistes ou simples bavards, les fauvettes, les rossignols, les coucous, les tourterelles sont partis ; le sifflement de quelque grive venue pour cuver sa vendange sous le couvert, le croassement d'un corbeau qui gagne la plaine se mêlent seuls aux frémissements de feuilles à demi sèches que vous froissez en traversant les halliers, au frou-frou de la bruyère, qui s'égrène sous vos pas.

A mesure que la journée s'avance, les attraits du milieu où nous errons perdent de leur vivacité, il faut bien le reconnaître ; aussitôt que le soleil s'incline vers l'ouest, la vapeur diaphane qui lustrait le tableau s'épaissit, les éblouissements s'effacent dans le lointain d'abord, puis s'amortissent autour du promeneur. Les feuillages d'une coloration si tranchée s'éteignent dans la teinte grise qui les envahit. Les surfaces lumineuses, les trous d'ombre des massifs des deux coteaux perdent les uns et les autres de leur intensité, le brouillard qui monte du fond de la vallée les efface et les nivelle tour à tour. Ce rideau reste encore nacré sur le plateau où nous sommes, les nappes grisâtres de bruyère qui nous entourent s'éclairent quelque temps d'un chaud reflet ; mais les vapeurs nous gagnent à mesure que l'air devient plus incisif et plus frais, et c'est le tour des hauteurs de s'ensevelir dans le gris.

Parfois, à la fin de la journée, le soleil touchant à l'horizon se montre rouge, ensanglantant de ses feux les masses de nuages qui l'encadrent, l'embrasement du couchant illuminant une futaie. En un instant, toutes les nuances intermédiaires et transitoires s'effacent de leurs racines à leur faîte, les chênes géants ressemblent à des fûts de métal en fusion, et sur le tapis de feuilles mortes, également empourpré, leurs ombres se détachent en lignes du noir le plus intense.

II

Récoltes et travaux

La fête des vendanges est la principale, mais n'est pas l'unique récolte du mois d'octobre. L'opération plus prosaïque, mais non moins essentielle de l'arrachage des pommes de terre, des betteraves, des carottes, des rutabagas y a sa place. Pour recueillir les unes comme les autres de ces racines, il est essentiel de choisir un beau temps : plus elles seront sèches et dégagées de terre, lorsque vous les placerez dans les caves ou les silos où vous entendez les conserver, plus vous avez de chances de préserver de la pourriture ces éléments essentiels de l'alimentation de vos bestiaux. Les navets et les rutabagas pourraient rester en terre une partie de l'hiver ; en les battant légèrement, on parvient à les préserver des premières gelées.

C'est encore en ce mois que l'on coupe les regains des prairies naturelles, un appoint de fourrages fort dédaigné des chevaux, mais très apprécié à l'étable ou à la bergerie ; il engraisse ou pousse à la production du lait, suivant l'espèce. Malheureusement, la dessication parfaite d'un regain est assez difficile à obtenir et exige des frais de main-d'œuvre qui en font une nourriture asssez dispendieuse. Néanmoins, la ressource est précieuse pour les petits cultivateurs, qui trouvent toujours le temps d'aller donner un coup de fourche et de rateau, en manière d'entr'actes, entre les travaux plus essentiels.

Les labours et les semailles commencés en septembre, pour l'orge et l'avoine d'hiver, vont se poursuivre pour le froment. Le cultivateur ne doit jamais perdre de vue que, pour ces céréales, un ensemencement hâtif est une garantie de bon rendement.

Quand on a fini avec ces opérations, on se consacre aux labours profonds à donner aux terres sur lesquelles les gelées exercent une si puissante action, afin de les mieux préparer pour le printemps.

C'est également le moment de se livrer au curage des fossés, des pièces d'eau et des mares, dont les boues laissées en tas pendant les froids se trouveront dans de bonnes conditions pour être amoncelées au mois d'avril.

Dans les bois, on élague, on récolte les glands et les faînes, que l'on destine à servir de semence, et l'on commence à arracher et à mettre en place les arbres de plantation.

III

Les Vendanges

Août et octobre sont les deux grandes échéances du travail agricole, celles où la terre fait honneur aux lettres de change qu'il a tirées sur elle. Le premier de ces mois a donné les céréales, le second fournira les racines et les boissons. Cette dernière récolte, secondaire dans la région centrale, acquiert de plus en plus d'importance, à mesure que l'on descend vers le sud, le sud-ouest et le sud-est. Dans ces contrées, la culture de la vigne avait pris depuis un siècle une extension considérable : en 1788, elle embrassait 1,567,700 hectares seulement; elle en absorbait 2,417,223 hectares en 1871, lorsque l'invasion phylloxérienne n'affectait pas encore son caractère de désastre.

Dans le Midi, la maturité du raisin est ordinairement parfaite, lorsque l'on procède à la cueillette. Cette maturité, voici, d'après M. Du Breuil, quels sont les signes qui la traduisent :

1° La queue de la grappe passe du vert au brun ;

2° La grappe devient pendante ;

3° Le grain du raisin s'est amolli ; sa pellicule est mince et translucide ;

4° Les grains se détachent sans efforts ;

5° Le jus est savoureux, épais et gluant ;

6° Les pépins des raisins sont vides de substance glutineuse.

Les raisins colorés mûrissent avant les blancs.

Dans le nord de la région viticole, on risquerait le plus souvent la récolte, si on se condamnait à attendre une maturité complète; on fait donc sagement en se contentant de l'à peu près.

L'état de l'atmosphère a une importance assez grande et une influence sérieuse sur la qualité du vin et sur sa conservation.

M. de Vergnette de Lamotte a dressé un tableau très curieux des dates de la cueillette officielle du raisin à Volnay, pendant les cent cinquante dernières années. On vendeangea, une fois, le 28 août, en 1819 ; deux fois, le 2 septembre, en 1718 et en 1832 ; vingt-deux fois, du 8 au 15 du même mois ; vingt-une fois, du 16 au 22, et cinquante-neuf fois, du 23 au 30 ; le ban des vendanges fut fixé vingt-huit fois, du 1er au 8 octobre ; dix fois, du 9 au 15 ; deux fois, le 16 octobre ; une fois, en 1821, le 17 octobre, et une fois, en 1816, le 25 octobre, cette dernière constituant l'énorme écart de soixante-dix-huit jours entre sa récolte et celle de 1819. On a calculé qu'avant d'avoir amené son fruit à une maturation satisfaisante, la vigne devait avoir recueilli, depuis le départ de sa végétation, une somme totale de 2,400 à4,500 degrés de chaleur, suivant les variétés du plant. Avec 2,350 degrés, la qualité du vin peut être excellente; au-dessous de 2,100, la récolte sera mauvaise.

Quand l'été a été chaud, quand nous avons dépassé le total de ces degrés que réclame la purée septembrale, le monde des vignerons est en liesse; il expédie avec entrain celui qui est toujours de ses travaux le plus joyeux.

** *

Bien qu'il soit encore consacré par l'article 475 du Code pénal, l'usage du ban des vendanges est tombé en désuétude dans beaucoup de localités. C'était une institution féodale, datant de l'année 1187, qui n'avait pas été précisément dictée par l'intérêt que son auteur, Hugues de Bourgogne, portait aux vignerons et à leurs produits, mais bien dans le but de faciliter la perception des dîmes aux ayants-droit. La Révolution la conserva, parce qu'elle mettait un certain frein au pillage; mais, à côté de cet avantage, elle présentait de graves inconvénients dont l'entrave à la liberté individuelle n'était pas le moindre. Il n'y a donc pas lieu de blâmer les vignerons qui ont jugé à propos de s'en affranchir. La plupart des municipalités, respectueuses du suffrage universel, abandonnent généralement aux propriétaires de vignes le droit de fixer la date de la solennité.

*
* *

Les vendanges sont une de ces récoltes d'ensemble qui exigent un certain nombre de bras, afin d'être enlevées rapidement. Les femmes, les enfants, les vieillards, pourvus d'un panier à vendanger, tantôt en osier, tantôt en bois, coupent les grappes à l'aide d'une serpette ou d'un sécateur. Le produit de la cueillette des coupeurs s'amoncelle dans des récipients en bois ayant la forme d'une hotte ou d'une cuve, selon qu'ils doivent être portés au pressoir à dos d'homme, de cheval, ou par le moyen d'une voiture. Le nombre des vendangeurs doit être calculé de façon à ce que la récolte d'un jour suffise à faire une cuvée; c'est le moyen d'obtenir une fermentation égale. Avant d'introduire le raisin dans la cuve, on a dû préalablement la laver à l'eau chaude et la badigeonner avec un lait de chaux qui a pour objet d'opérer la saturation des acides malique et tartrique surabondants.

Cette cuve ainsi préparée, on y jette le raisin préalablement foulé; on en élève la température, suivant la saison ou le climat, puis on refoule de temps en temps pour amener un mélange bien intime des parties alcooliques et aqueuses. C'est à ce moment que la descente dans la cuve n'est pas sans danger, en raison de la quantité d'acide carbonique qui s'en dégage : dans la vinification moderne, on évite cette périlleuse opération, en soutirant une partie du liquide et en le versant sur la masse. Le travail de fermentation se reconnaît aux globules qui traversent le liquide pour venir éclater à la surface, à l'élévation de la température, à l'augmentation de volume de ce liquide, à son apparence trouble, à l'écume dont il se couvre, à son odeur vineuse se caractérisant de plus en plus, à un bruit semblable à celui qui précède l'ébullition de l'eau. La densité du moût varie suivant l'espèce et la qualité du raisin : ces différences sont quelquefois telles, qu'on est obligé d'y ajouter du sucre pour l'augmenter ou de l'eau pour la diminuer.

Lorsqu'il ne se produit plus de mouvement dans la cuve, que la mousse est légère et peu abondante, on procède au soutirage. Une fermentation insensible s'effectue encore dans les tonneaux et se prolonge pendant plusieurs mois : elle se manifeste par une abondante écume qui, d'abord, s'échappe par des bondes, et bientôt se précipite au fond des tonneaux, en entraînant avec elle le tartrate acide de potasse que la formation incessante de l'alcool isole des autres principes.

Ce qui est resté dans la cuve a été soumis au

pressoir, qui en extrait un vin inférieur, employé soit à remplir les pièces pendant la fermentation insensible, soit à fabriquer le vinaigre.

* *
*

La vinification du vin blanc est beaucoup moins compliquée que celle du vin rouge. Le raisin est porté immédiatement sous le pressoir qui en extrait le moût que l'on introduit dans des tonneaux où s'opèrera une fermentation moins active et nécessairement moins complète. Quant aux vins mousseux, et particulièrement aux vins de Champagne, ils sont l'objet d'un travail spécial, de combinaisons savantes, variant, pour ainsi dire, avec chaque marque.

On cueille, avant maturation, les raisins destinés à la fabrication des vins mousseux, ou des vins secs, tels que le Condrieu, l'Ermitage, le Saint-Peray, etc.; il en est de même pour tous les vins rouges ordinaires de la région de l'olivier, où, le moût renfermant un excès de sucre que la végétation serait insuffisante à transformer tout entier en alcool, serait exposé à subir une fermentation acétique.

Les vins liquoreux, au contraire, ceux de Rivesaltes, d'Espagne, de Chypre, de Candie sont obtenus en prolongeant le séjour de la grappe sur le cep, de façon à ce que l'élément sucré s'y développe dans les plus grandes proportions possibles. Le vin de paille d'Arbois, dans le Jura, doit son nom, non pas à sa couleur, comme on le croit généralement, mais à ce qu'on laisse les raisins se faner sur la paille avant de les porter au pressoir.

M. Du Breuil donne de curieux détails sur les soins aussi dispendieux que minutieux dont la cueillette est l'objet dans les grands crus de vins blancs du Bordelais : Château-Yquem et Sauternes.

Comme on tient exclusivement à la qualité du produit, on ne récolte les raisins qu'alors que leur maturité est excessive. Or, comme cet état ne se produit que successivement pour tous les grains d'une même grappe, il s'ensuit que la vendange est faite en plusieurs fois pour chaque grappe et de façon à ne cueillir que les grains présentant le degré complet de maturité. Les quatre ou cinq grains qui le présentent sont détachés au moyen de ciseaux très effilés et reçus dans un panier de vendangeurs. Quand l'opération est terminée sur tout le vignoble, on la recommence. Comme il faut soixante femmes pour ramasser, dans une journée, deux barriques de grains fournissant environ 2 hectol. 28 de vin, cette double vendange conduit ordinairement jusqu'à la fin d'octobre. A cette époque, on pratique la cueillette définitive, en laissant toutefois les raisins grillés, ceux non assez mûrs, ou atteints d'une altération quelconque.

Vous avouerez que voilà un luxe de main-d'œuvre qui justifie pleinement les hauts prix dont il faut payer ces nectars si prisés des gourmets.

* *

La rivalité de nos deux grands foyers de production vinicole est de date récente. Il y a cent cinquante ans, la Bourgogne n'eût pas daigné faire à la Guyenne l'honneur de redouter sa concurrence ; la Champagne était sa rivale de ce temps-là. Le conflit finit même par s'envenimer ; heureusement les gens d'épée, très éclectiques en matière de vins, pourvu qu'ils soient bons, ne furent pas chargés de vider la querelle ; elle trouva ses champions dans la robe qui, en son honneur, fit couler des flots d'encre. En 1632, la supériorité du bourgogne, l'indignité du champagne, devinrent le sujet d'une thèse gravement soutenue, aussi gravement écoutée aux écoles de médecine.

Après une trève entre les champions, les hostilités recommencèrent quarante ans plus tard. Les Rémois, fort chatouilleux en matière de gloire vinicole, faisaient proclamer à leur tour dans leurs Facultés que les fameux crus des coteaux, célébrés par Boileau, ne donnaient qu'une vulgaire piquette. L'orgueil bourguignon ne pouvait rester sous le coup d'une pareille offense. Le docteur Salins, doyen des médecins de Beaune, se chargea de venger le nuits, le pomard et le clos-vougeot. Sa réplique fut si piquante, qu'en moins de cinq ans, elle eut cinq éditions successives. La Bourgogne triompha, mais bientôt, un nouvel adversaire succéda à celui qui venait de désarmer. Gouverneur de la Guyenne et grand arbitre de la mode, le duc de Richelieu s'avisa de patronner le produit des crus du Sud-Ouest. La France s'était montrée jusqu'alors réfractaire à leur bouquet. L'étranger seul appréciait les devanciers de ces crus destinés à une célébrité universelle ; il les appréciait même de longue date, puisque les registres de la douane de Bordeaux constatent que, dans l'année 1350, il sortit de ce port cent quarante et un bateaux chargés de vin.

Aujourd'hui, les deux adversaires réconciliés semblent s'être résignés au partage de la royauté vinicole. Rassurées par l'affluence toujours croissante des fidèles, la beauté brune et la beauté blonde ont abdiqué leur intransigeance ; les adorateurs et les adorations peuvent aller de l'une à l'autre, sans risquer d'en être plus mal reçues. Ce n'est guère qu'en Belgique que la lutte des deux vins a conservé son caractère passionné. Les Flandres et le Brabant tiennent généralement pour les Bordelais. Le pays wallon exalte les Bourguignons. Pour avoir cessé d'être du ressort universitaire, pour se plaider devant la nappe et le verre à la main, la cause n'en trouve pas moins des avocats aussi convaincus qu'ils sont ardents. Eternisez le procès, heureux Belges ; vous y êtes d'autant plus fondés que, les grands crus de vos excellentes caves étant, sans contredit, beaucoup plus authentiques que les nôtres, les pièces de conviction sont de celles qu'on ne se lasse jamais d'examiner.

IV

La Vendange dans la Beauce

La date de la solennité se détermine dans une réunion de vignerons ; les débats de ce congrès si essentiellement pacifique sont quelquefois orageux. Pierre, qui, consommant son vin, fait passer la qualité avant la quantité, attendrait volontiers une semaine encore ; Paul, dont le champtier est en plein midi, dont les ceps dénudés de feuilles laissent les grappes vermeilles sans abri, est d'avis que l'on ne s'est point assez hâté. Chacun formule son opinion ; je ne jurerais pas qu'on s'y mette en grands frais d'éloquence ; en revanche, à l'énergique vivacité des apostrophes qui s'échangent, on pourrait se croire à la Chambre.

Dès la veille, tout l'outillage, cuves, cuveaux, tines, tonneaux défoncés, hottes, seaux et paniers, est voituré sur le champ d'œuvre, et dès le matin, les ouvriers sont à la besogne. Elle est menée lestement, non seulement parce que la tâche est facile, mais surtout parce que les travailleurs comprennent à peu près toute la population des deux sexes. Il n'est pas de fête, fût-elle carillonnée, qui tienne autant au cœur du paysan que celle du raisin. Le vin, c'est son luxe et c'est sa joie, uniques l'un et l'autre. La vendange lui fournit l'occasion de lancer des invitations, quelquefois six mois à l'avance. N'eût-il qu'un seul quartier de vigne, les parents, les amis, jusqu'aux simples connaissances, seront conviés.

Le coup de main à donner est le prétexte ; chacun se fait un point d'honneur de remplir au moins un panier, mais le véritable objectif est le plaisir, et je doute fort que dans les réunions élégantes, il soit aussi constamment et aussi sûrement atteint.

Dès dix heures du matin, l'animation bat son plein. Le vignoble, dans notre région assez resserrée, est devenu le théâtre d'un prodigieux mouvement ; c'est un va-et-vient continuel d'hommes, de femmes, d'enfants, d'ânes et de chevaux ; les uns, chargés de hottes, gravissent les sentiers du coteau pour en aller verser le contenu dans les tines alignées dans les voitures, le plus grand nombre détache les raisins et en emplit les paniers. Bourgeois et bourgeoises du village ne dédaignent pas de prendre leur part de la fête et de mordre à belles dents dans la grappe qu'on les invite à cueillir. La gaieté ne se traduit pas par des entrechats, comme dans le tableau de Léopold Robert, mais la langue suffit à la manifestation ; on babille, on chante, on rit surtout.

Le bourdonnement qui monte du vignoble est ordinairement ponctué de quelques coups de fusil ; les vignerons chasseurs sont assez nombreux, ils comptent que le gibier, épouvanté par cette invasion de son dernier refuge, voudra bien en passant à portée leur fournir le plat de résistance du festin du soir, et ils n'ont pas plus oublié leur arme que leur sécateur.

Bien entendu, c'est le cep qui fournit les rafraîchissements du festival en plein air ; à l'encontre de certains buffets, il les prodigue même trop généreusement : — Voyez-vous, nous disait un vieux vigneron convaincu, s'il y avait seulement six vendanges dans l'année, le pays pourrait se passer de pharmacien !

Si délicieux que soit le rafraîchissement, en abuser n'est pas sans inconvénients ; on n'en meurt pas, mais, dans certaines circonstances, ce peu de retenue peut avoir ses inconvénients.

Un godelureau du cru était venu aux vendanges d'un brave vigneron du voisinage ; la chronique prétend que les attraits de la vigneronne, grosse commère fort appétissante, n'étaient pas étrangers à la condescendance du jeune bourgeois, mais ceci ne nous regarde pas. Toujours est-il que le soleil s'étant, ce jour-là, décidé à illuminer la cueillette, elle fut aussi gaie que le comporte son programme. On jasa, on rit, on chanta, tantôt en chœur et tantôt en particulier.

Le beau jeune homme qui avait poussé la courtoisie jusqu'à vouloir se charger du panier de la vigneronne, ne laissa pas échapper une occasion de la lutiner à l'abri de quelques murailles de pampre ; la belle, une fine mouche, répondait à tout avec un gros rire ; cependant, si le propos devenait trop vif, elle mordait à belles dents dans la grappe qu'elle venait de détacher, et la lui présentant : — Goûtez donc encore celle-là, monsieur Achille, lui disait-elle, c'est un vrai sucre ! — M. Achille se jetait alors comme un affamé sur les grains effleurés par les lèvres vermeilles de la paysanne.

Si délicieux que lui semblassent ces intermèdes, l'aimable vendangeur dut quitter les vignerons avant la fin de la journée. Il dînait le soir chez un notaire dont il avait couché en joue la fille avec l'étude ; c'était une sorte de présentation. Immédiatement après le potage, on vit le bel Achille enfouir son visage dans son mouchoir, et, prétextant un saignement de nez, sortir en toute hâte ; quelques instants après, il rentrait souriant, quoiqu'un peu pâle et les traits tirés ; dix minutes ne s'étaient pas écoulées que ce maudit saignement nécessitait une seconde absence ; à la troisième sortie, une certaine émotion se manifesta parmi les convives et, quand le patient reprit sa place, ce fut à qui lui manifesterait son intérêt. Mais c'est une véritable hémorragie, disait l'un. — Seriez-vous sujet à ces sortes de crises ? reprenait le notaire avec une nuance d'inquiétude. — Docteur, dit à son tour la future de M. Achille, en s'adressant à un grave personnage qui suivait cette scène avec un sourire légèrement railleur, ne pensez-vous pas qu'une clef dans le dos produirait un excellent effet ? — Certainement, mademoiselle ; malheureusement, une seule clef pourrait être efficace, et c'est précisément celle que monsieur me paraît avoir perdue dans la vigne où tantôt je le voyais folichonner avec la femme de Blanchard !

Pour en revenir à nos vignerons, dont cette historiette de vendanges nous a quelque peu écarté, si la quantité leur fait défaut, en revanche, ils se déclarent satisfaits de la qualité. Les cuvées de la Côte-d'Or et de la Gironde n'ont qu'à se bien tenir. Il faut bien que les maîtres des grands crus s'y résignent, mais ils ont de terribles contempteurs dans leurs émules des pays à piquettes ; ceux-ci n'y vont pas par quatre chemins, ils n'admettent jamais qu'il existe un seul vin naturel, hors celui qu'ils ont produit, et les prix de 100, 110 et même 120 francs qu'atteint aujourd'hui leur pièce de 225 litres n'a pas médiocrement fortifié ces agréables illusions. Au bout du compte, bien que leur petit bleu ait quelques affinités avec une râpe, nous le souhaiterions à nos travailleurs, au lieu et place des tristes mixtions dont le commerce les abreuve.

V

Les Raisins belges

Le progrès a ses désagréments, mais ces désagréments eux-mêmes ne sont pas sans avantages. Comme on ne saurait l'empêcher de franchir ces limites de convention que nous appelons des frontières, chacun de nos pas en avant se reproduit chez les nations voisines; si nous tenons à conserver notre supériorité, nous nous trouvons donc condamnés à des efforts incessants; ils sont nécessairement pénibles; mais aussi l'humanité tout entière en bénéficie. C'est ce qui arrive aujourd'hui à beaucoup de nos industries, forcées de perfectionner leur outillage ou leurs produits, afin de ne pas être distancées.

Il y a une vingtaine d'années, nous avions quelque peine à réprimer un sourire en dégustant ce « champagne » de Huy, dont nos voisins les Belges n'étaient pas médiocrement fiers. Qui de nous eût consenti à admettre que la France, le pays des grands vins et du chasselas de Fontainebleau aurait, au moins en ce qui concerne ce dernier produit, à redouter la concurrence de cette brumeuse Belgique ? C'est pourtant ce qui arrive.

. Les grapperies anglaises, qui, peu à peu, s'étaient substituées aux importations françaises sur les marchés du Royaume-Uni, ont inspiré aux Belges, les assimilateurs par excellence, l'idée des cultures du raisin sous verre. MM. Sohies frères, anciens élèves de l'école de Vilvorde, très intelligents et très persévérants, en furent les initiateurs. Leur établissement de Hoglaert, aux portes de Bruxelles, arriva rapidement à une grande prospérité. Les serres y couvrent aujourd'hui une surfaee de 110,000 mètres, donnant un revenu brut annuel de 250,000 francs. Leur succès enfanta de nombreuses imitations, dans les environs de Liège et d'Anvers, mais surtout près de Hoglaert, dans les alentours de la forêt de Soignies. Actuellement, ces cultures spéciales couvrent de leurs vitrages 55 hectares et fournissent quotidiennement à la consommation 4,000 kilogr. de raisins frais, pendant les mois de mai, juin, juillet et août, c'est-à-dire à l'époque où ces fruits représentent une primeur.

Malgré le grand abaissement des prix déterminé par une production un peu exagérée, la culture du raisin sous verre est et restera longtemps rémunératrice en Belgique, en raison du bas prix des matières premières : fers, verres et surtout charbons, du bon marché de la main-d'œuvre, et enfin de l'excellence du sol.

La variété cultivée pour le marché en Belgique est le franckenthal; ce raisin de table est également le plus estimé en Angleterre, en Hollande, en Allemagne et en Autriche, où on le désigne sous le nom de black-hamburg. Ses grappes sont volumineuses; ses grains, gros et d'un noir bleuâtre et ordinairement très serrés; la vigueur du cep est extrême et sa fertilité soutenue. Reste la question de la qualité. M. Etienne Salomon, la plus haute compétence de la spécialité, tout en le déclarant fort inférieur au chasselas doré, nous a affirmé qu'il n'était pas sans mérite. Peut-être n'étions-nous pas parfaitement préparé à cette saveur par une dégustation assez prolongée des groseilles à maquereau plus ou moins mûres, mais nous devons confesser que cette qualité du produit des grapperies anglaises, il nous a eté impossible de la découvrir. Nous ne ferons pas au chasselas doré l'injure de le comparer au franckenthal, c'est un autre fruit; la peau de ce dernier est épaisse, sa pulpe verdâtre presque insapide passe sur les papilles buccales sans autre sensation que celle du rafraîchissement; il n'a ni sucre ni parfum. Avec les poires belle-angevine, ce raisin de serre représente, dans les desserts, ces beautés que les barnums de cafés-concerts alignent au fond de la scène; adieu le charme, si elles ouvrent la bouche; tenez la vôtre close à l'endroit de ces fruits de parade, si vous ne voulez pas voir s'évanouir votre admiration.

Cela n'a cependant point empêché les produits de la viticulture belge de devenir dans notre pays l'objet d'une importation importante tellement importante qu'elle fait un tort considérable aux industries similaires de Thomery et de Fontainebleau. Quelques-uns ont jeté un cri d'alarme et appelé les droits protecteurs à la rescousse. En appeler à la grosse artillerie des tarifs, pour s'en aller en guerre contre la Belgique « viticole » représentée par cinquante-cinq hectares de châssis, c'est ressembler à l'homme réclamant le pétard du seigneur Jupiter pour se débarrasser d'un insecte désobligeant. La bêtise se doublerait probablement d'une maladresse; car il est à présumer que nos voisins useraient de réciprocité, en taxant à leur tour les raisins que nous leur envoyons en quantités bien autrement imposantes, aussitôt que le soleil d'août s'est mis dans notre jeu.

Les intéressés ont mieux à faire, nous semble-t-il. Nous ne craignons évidemment aucune concurrence en ce qui concerne la production normale; reste la fourniture des raisins de primeur, qu'il s'agirait de ne pas laisser échapper ou plutôt de reconquérir. Tout ce qui ne porte pas l'estampille anglaise étant répudié par le high-life — nous aurons un de ces jours des truffes du Périgord d'Angleterre, vous verrez ça — ces primeurs doivent avoir la physionomie spéciale aux produits des grapperies, être noires et appartenir au franckental; mais jamais contrefaçon ne fut plus commode. Si vous n'avez pas la houille, le fer, le verre, la main-d'œuvre à bas prix, vous avez le soleil, un auxiliaire qui compense largement ce surcroît de frais. Pourquoi, tout en conservant la culture de ces chasselas dorés dont nous-mêmes, en France, nous avons tant de peine à obtenir l'équivalent, ne pas transporter dans le Midi les plantations de raisins de primeurs? Sur quelques coteaux de la Provence, abrités par les merveilleux murs d'espaliers que forment les contreforts des Alpes, elles fourniraient probablement, dès la fin de février, sans le dispendieux appareil du thermosiphon, presque sans chauffage, avec un simple abri de verre, assez de franckenthal pour en rassasier tous les anglomanes, ce qui n'est pas une petite tâche, et en même temps, elles le donneraient meilleur et à égalité de prix tout au moins.

VI

Mauvaises vendanges. — Le Piccolo

Si les hivers précoces n'avaient d'autre conséquence que de provoquer des méditations sur
le mode sombre dont le « frère, il faut mourir ! »
des Trappistes est le type, cette précocité ne
tirerait pas autrement à conséquence. Malheureusement, elle coupe court à la maturation de
ce pauvre raisin, au moment où il commençait
à prendre une teinte qu'avec beaucoup de bonne
volonté on pouvait accepter pour du violet.

Ce cas ne se présente que trop souvent, hélas !
dans le rayon de Paris : presque partout, ce
sont les grives qui pratiquent la cueillette.

Le vieux dicton : « A brebis tondue, Dieu
mesure le vent » ne peut pas trop s'appliquer à
notre viticulture ; la fatalité qui la poursuit ne
lui épargne pas une épreuve.

Il faut avoir pu apprécier l'incessant, le pénible labeur qu'exige cette vigne ingrate, pour
comprendre l'amertume avec laquelle celui qui
l'a accompli voit s'évanouir l'espoir de sa récolte.
Ici, pas d'intermédiaire, pas d'auxiliaire, sur

lesquels on ait pu se décharger d'une partie de la besogne ; les façons multipliées que réclame la terre, les bras du vigneron ont été seuls à y pourvoir ; le plus souvent, il a charrié les engrais sur son dos, et seul encore, il a suffi aux soins qu'exige cette culture méticuleuse. Et puis, dans nos climats, les continuelles appréhensions soulevées par les gelées printanières, la coulure, les insectes, la grêle, le froid, le chaud attachent à l'arbrisseau comme à un enfant délicat et malingre. Enfin, et nous ne nierons pas que cette considération, gardée pour la. bonne bouche, ne soit pas la plus puissante, elle se vend couramment de 90 à 100 francs, cette piquette qui, il y a quelques dizaines d'années, trouvait difficilement acquéreur à 40. Dans les pays de petits vignobles, la récolte de blé, c'est le pain ; la vendange y représente l'aisance.

Nous serions fort surpris si nos compatriotes du Midi s'apitoyaient outre mesure sur ces désastres. Le vignoble de l'Ile-de-France a généralement le privilège de les faire sourire. Ils ne seront pas peu étonnés d'apprendre que, s'ils apprécient à peu près équitablement les mérites du vin qu'il produit, ils se trompent étrangement sur les bénéfices qu'il procure. Non seulement ces boissons aigrelettes, que l'on a baptisé du nom de *piccolo,* sont vendues à des prix auxquels n'arrivent que très rarement les vins de la région du Sud, mais la production de ces vignes énergiquement fumées affecte de telles proportions qu'en dehors des grands crus, il est bien peu de vignobles pour donner un revenu équivalent.

Enfin, pour conduire Bordelais, Provençaux, Bourguignons, Languedociens, etc., etc, de révélation en révélation, nous ajouterons que le *piccolo* a de nombreux fanatiques, lesquels professent le plus parfait mépris pour le nectar des châteaux, comme pour celui des coteaux. Le camp des amateurs de ces liqueurs raboteuses n'est pas uniquement concentré dans la populalation parisienne : il s'étend à tous les pays de petite culture vinicole.

Il existe bien un procédé des plus simples, à l'aide duquel ces singuliers nectars deviendraient moins naturels peut-être, mais infiniment plus potables. Il consiste à additionner le moût d'une certaine quantité de sucre avant de le livrer à la fermentation. Malheureusement, en dehors des régions commercialement viticoles, il est bien rare qu'il soit utilisé. Ce n'est pas seulement l'économie qui s'oppose à la propagation de ce moyen d'améliorer les boissons destinées à la consommation locale, c'est surtout la gloriole du producteur. La sueur dont le paysan arrose son coin de vigne communique à son vin un bouquet qu'il est seul à apprécier, mais qu'il n'hésite jamais à déclarer sans équivalent. Je serais désolé d'être désagréable à M. le baron de Rothschild, mais je ne saurais lui dissimuler qu'il y a dans le vignoble (!) Beauceron des propriétaires de quelques douzaines de ceps souffreteux qui, juchés sur le tonneau que tous les ans ils emplissent, traitent le Château-Laffite avec quelque dédain ! Après tout, nous ne serions pas trop à plaindre si, en toutes choses, il en était ainsi.

VII

Vin. — Boissons enivrantes

Gloire éphémère, sans doute, que celle d'un bon vin; mais, enfin, elle dure toujours pendant une ou deux générations, et nous en connaissons pas mal de ces gloires qui, mieux justifiées, plus haut prisées, seront encore plus promptes à s'évanouir. Celle du vin a sur les nôtres l'avantage de ne jamais rencontrer de réfractaires, de ne pas servir de prétexte à des polémiques humiliantes pour l'intéressé. Avoir été coulé en bronze, taillé en marbre, être classé dans l'ordre des monuments, et entendre un cuistre discuter de vos petits mérites! Voilà à à quoi nos renommées les moins contestées sont exposées tous les jours. C'est à ce point désobligeant que, si nous avions à y prétendre, cette perspective nous dégoûterait absolument de l'immortalité. Plus heureux qu'un poète, qu'un écrivain, qu'un artiste et même qu'un homme d'État, un vin d'année célèbre ne trouve jamais de contempteurs. Un silence religieux l'accueille aussitôt qu'on l'annonce; tous les

regards, dont quelques-uns se chargent de con-
cupiscence, se concentrent sur le verre qui em-
prisonne la liqueur vénérable. Chacun déguste
avec componction, s'abîme un instant dans une
méditation profonde; alors éclate le chœur des
oh! et des ah! dans lequel il n'est personne qui
ne surenchérisse sur le diapason de son voisin.
Il se passe même ceci de remarquable que moins
on s'y connaît, plus on accentue son extase.
L'enthousiasme est, pour l'ignorance, un excellent passeport. Par exemple, le programme
pourrait subir quelque accroc, s'il se rencontrait
quelque vigneron en sabots parmi les dégusta-
teurs. Le paysan est tellement jaloux du mérite
de son cru, quel qu'il soit, qu'en pareil cas, il
déroge à sa diplomatie ordinaire.

— Point trop méchant, ce petit vin-là, disait
un fermier auquel son propriétaire venait de
verser d'un grand cru bordelais, ça se boirait
tout de même si ça grattait davantage.

Ne vous scandalisez pas de l'appréciation. Il
faut un goût très raffiné pour apprécier les
saveurs délicates, les parfums fugaces d'un
Château-Yquem ; la brutalité d'un spiritueux
est à la portée de tous les palais; c'est pour
cela que le *grattage* des boissons fermentées
est le caractère universellement apprécié, et
que leur mérite se mesure presque partout
d'après leur violence, et aussi par la facilité
avec laquelle elles provoquent l'ivresse. Ce
double objectif, vous le retrouverez chez tous

les peuples, dans toutes les agglomérations humaines, et le raisin est bien loin d'être le principe le plus généralement utilisé pour les atteindre.

Nous ne vous parlerons pas de la betterave, de la pomme de terre qui lui font même chez nous une si rude concurrence aujourd'hui, non plus que des céréales dont nos voisins d'Europe tirent leurs boissons fermentées : négligeons, avec la bière, le wisky, le péquet, le kwass, le botza et le busu, l'hydromel qui joue un rôle si important dans la consommation des Danois, des Suédois et des Russes, pour arriver tout droit à des liquides plus étranges.

L'arec, le cocotier, tous les palmiers fournissent aux habitants de l'Indoustan, du Cambodge, du Tonkin, etc., une liqueur enivrante qui, soumise à la distillation, donne une eau-de-vie dont le goût n'est pas désagréable. Les Chinois extraient la leur d'une variété spéciale du riz ; le millet est la base des boissons fermentées de beaucoup de populations africaines. Le *maguey de pulque* du Mexique est tiré du suc d'une agave américaine ; il exhale, paraît-il, une odeur de viande corrompue peu engageante, mais son alcool, l'*aguardiente de pulque*, est potable.

Le *kava* des îles de la Polynésie, le *pivori* de la Guyane possèdent à un haut degré la propriété enivrante, mais peut-être est-il nécessaire, si l'on veut en jouir, de ne point assister à leur fabrication. Elle repose exclusivement sur le beau sexe indigène ; les femmes mâchent les racines du *piper methylicum* pour le premier, du pain de cassave pour le second, et ce sont les résidus des mastications de ces Hébés qui, soumis à la fermentation, produisent ce nectar. Les romans de Fenimore Cooper ont fait connaître le vin d'érable, comme le *Robinson Suisse* celui de palmier : l'eau-de-vie des Tartares Chinois est beaucoup moins connue ; elle se prépare en faisant fermenter des morceaux de chair de mouton dans du lait de jument et en distillant le résidu ! Le palais et le cœur grattés par la même gorgée, cela doit être le sublime du genre. C'est le suc d'un champignon qui procure l'ivresse aux habitants du Kamstchatka. Le goût de cet abrutissement temporaire a singulièrement stimulé le génie humain, car la liste des substances qu'il a utilisées pour y parvenir est beaucoup trop longue pour que nous l'épuisions.

VIII

Vin de raisins secs

La fabrication du vin de raisins secs a pris, depuis quelques années, des proportions considérables : Nîmes, Cette, Montpellier, Marseille, Béziers, etc., en lancent des milliers d'hectolitres dans le commerce, et, malheureusement, en raison des progrès constants de ce désolant phylloxéra, du prix de plus en plus élevé des vins de raisins frais, cette nouvelle industrie nous paraît appelée à prendre un développement plus grand encore : l'avenir est à ce nectar. Ce vin de raisins secs, non-seulement il n'est point désagréable à boire, mais on arrive, par des coupages habiles, à en faire un produit tellement perfectionné, qu'un grand marchand de Bercy, dégustateur expérimenté, nous avouait dernièrement qu'il avait quelque peine à démêler la copie de l'original; nous pouvons ajouter qu'il est si peu malfaisant, que tout à l'heure, en en donnant la recette, nous le recommanderons à ceux de nos lecteurs qui apprécient la valeur qu'affectent les boissons économiques par le temps qui court.

Cependant, si l'estomac n'a pas à s'en plaindre, un autre organe essentiel, quoique extérieur, la bourse de l'acquéreur, a lieu de s'en
montrer moins satisfaite. Ce vin de raisins secs,
souvent coupé, quelquefois aussi coloré seulement, se débite sous des étiquettes diverses à
raison de 90 à 110 fr. la pièce; or, d'après un
travail de M. de Brevans, que nous avons sous
les yeux, le prix de cette boisson pure et sans
mélange ressort à 10 fr. l'hectolitre, soit 22 fr. 50
la pièce; en admettant que le coupage coûte
27 fr. 50 au fabricant, en la plaçant à raison de
100 fr. comme vin naturel, bien entendu, il
s'assure un bénéfice de cent pour cent, qui est
fort agréable, sans aucun doute, mais qui
assure aussi à sa marchandise un rang honorable parmi les sophistications. Il y sera d'autant mieux à sa place que, d'après les renseignements qui nous sont fournis, le vin de
raisins secs ne partage pas du tout le privilège que l'humanité doit si avidement envier
au jus de la treille, comme l'appelle la chanson. Il ne devient pas meilleur, en prenant
de l'âge, il est au contraire très disposé à
devenir aigre, comme une simple vieille fille,
en sorte que l'acheteur peut être deux fois
attrapé.

Mais, nous le répétons, au point de vue de
l'économie domestique dans les ménages modestes, dans les petites cultures pour lesquelles,
dans certaines années, cidre et vin sont égale-

ment inabordables, la boisson de raisins secs doit devenir une ressource précieuse, à la condition de la fabriquer soi-même et de n'en faire à la fois que ce qui pourra se consommer en deux ou trois mois. Nous allons donc résumer les renseignements donnés par M. de Brevans sur la manière de la préparer. Une recette aussi utile que celle-là doit toujours être la bienvenue.

On doit disposer dans un cellier ni trop frais ni trop chaud un tonneau défoncé par le haut, muni à sa base d'un robinet à l'extrémité intérieure duquel on ajuste soit un capuchon d'osier, soit un faisceau de brindilles pour arrêter les pépins à leur passage et s'opposer à l'engorgement du conduit, exactement comme lorsqu'il s'agit de préparer ce *rapé* cher aux ménagères des pays vinicoles.

On verse dans ce tonneau autant de fois 15 kil. de raisins de Corinthe que l'on veut obtenir d'hectolitres de liquide et l'on mouille avec de l'eau tiédie à 30 degrés et par additions successives pour mieux assurer la macération qui doit durer quarante-huit heures. On jette alors dans le récipient une quantité d'eau égale au volume des raisins, on brasse et l'on foule énergiquement pour obtenir une fermentation active et rapide. Lorsque la cessation de l'ébullition indique que ce travail est terminé, on soutire, en versant dans un fût ordinaire, puis on remet sur le marc une certaine quantité d'eau pour le laver fortement, on soutire encore et on ajoute au premier liquide obtenu, avec addition de deux ou trois grammes d'acide tartrique, pour donner une saveur plus stimulante à la boisson, laquelle se présente alors sous la forme d'un vin blanc un peu trouble qui peut être consommé immédiatement.

Si on veut obtenir du vin plus fait, il faut laisser le fût en repos et débouché pendant huit jours; soutirer pour enlever la grosse et attendre que la fermentation lente soit épuisée, c'est-à-dire que le liquide s'éclaircisse de lui-même, après quoi, on soutire de nouveau. On a alors un vin blanc qui, pour être factice, n'en est pas moins sain, agréable, réconfortant et qui a, par dessus le marché, le mérite de vous avoir coûté 10 centimes par litre environ, au lieu de 40 ou 50 que vous auriez eu à donner au marchand, pour reconnaître l'attention délicate avec laquelle, soucieux de captiver vos yeux en même temps que votre palais, il a pris soin de la colorer avec une fuchsine qui n'est pas toujours vierge d'arsenic.

On doit bien soupçonner que la qualité de la boisson ainsi fabriquée dépendra un peu de celle du raisin employé. Le raisin noir donne un vin très potable; il coûte de 50 à 60 centimes le kilogramme. Avec le raisin de Corinthe, qui coûte 90 centimes et 1 franc le kilogramme, le produit sera certainement supérieur. Les sybarites, qui n'admettent que le nectar, mélangent à celui-ci du raisin de Malaga, dont le prix varie de 1 à 2 francs. Quel que soit celui dont on fera choix, la quantité à employer doit être d'autant de fois quinze kilogrammes des substances végétales que l'on veut d'hectolitres de vin. Votre opération s'améliorera encore si vous coupez votre boisson avec quelque gros vin du Midi ou d'Espagne, dans les proportions du tiers ou du quart. Sans doute, elle vous reviendra à un prix plus élevé, mais vous n'aurez rien à envier ni aux bourgognes, ni aux bordeaux des neuf dixièmes des débitants.

IX

Le Cidre

Du vin au cidre il n'y a que l'épaisseur du verre. Tandis que le premier donne des résultats variables, selon les climats, le second a pris, depuis deux ou trois ans, l'abondance pour mot d'ordre. Le cidre n'est pas seulement la boisson de nos populations de l'Ouest, il est quelquefois pour elles un aliment ; dans beaucoup de localités, le repas du matin, quelquefois celui du soir, se compose d'une rôtie au cidre ; de grandes tasses cylindriques, de terre brune, pleines de la blonde liqueur, et que l'on appelle, nous ne savons pourquoi, des « geigneux », sont alignées devant le feu ; la ménagère place une épaisse tranche de pain grillé sur chacune d'elles ; quand la distribution est faite, chacun casse sa tartine dans le liquide chaud, et la frugalité bretonne ou percheronne l'accepte pour un déjeuner ou pour un souper ; nécessairement, plus le liquide est généreux, on dit « gracieux » dans la Manche, plus le festin est substantiel. Le normand est plus difficile, il ne dédaigne pas la rôtie au cidre, tant s'en faut, mais il érige en principe cet axiome gastronomique : « La chair — prononcez la ché — nourrit la chair ».

Nous sommes tellement réfractaires à toutes modifications à nos habitudes, que, malgré la cherté toujours croissante des vins, le cidre reste une boisson presque ignorée en dehors des foyers de sa production. Depuis quelques années, son commerce a pris, il est vrai, quel-que développement à Paris, mais les liquides qu'on y débite sous cette étiquette sont trop fantastiques pour rallier quelques recrues sé-rieuses à cette boisson. Il n'est pas jusqu'à l'in-curie de la majorité des producteurs qui ne conspire contre elle, en raison des procédés défectueux de fabrication et de conservation dans lesquels ils se complaisent. Enfin, les droits d'octroi sur une liqueur qui ne comporte pas de coupage sont excessifs ; aussi, au lieu de devenir une ressource pour la population laborieuse dans la crise viticole dont elle subit le contre-coup, le cidre reste-t-il un breuvage de fantai-sie dont on use infiniment moins que de la bière.

Il serait utile de réagir contre ces dédains mal justifiés. Le vin de pommes, s'il n'a pas la qualité tonique au même degré que celui du rai-sin, n'en constitue pas moins une boisson salu-taire, hygiénique et très agréable au palais, lorsqu'il a été convenablement traité. Sommes-nous donc aussi certains qu'on le prétend de

l'issue victorieuse de la lutte contre le phylloxéra? En tout cas, soit que les insecticides réus-
sissent à éliminer le fléau, soit que la reconstitution du vignoble s'opère par les cépages
américains, tout cela sera œuvre laborieuse et
longue; avant qu'elle soit menée à bien, le public
peut se lasser des vins factices, il peut s'insur-
ger contre le jus de ces baies de sureau que
voilà, paraît-il, que l'on cultive à notre bénéfice
de l'autre côté des Pyrénées, parallèlement avec
la vigne. Les deux tiers de notre territoire produisent le pommier; quoi de plus simple que de
recourir à ses fruits, ne fût-ce que pour attendre
des temps meilleurs?

Nous avons sous les yeux, un ouvrage dans
lequel M. le docteur Denis Dumont, professeur
à l'École de médecine, et ancien chirurgien en
chef des hôpitaux de la ville de Caen, a entre-
pris, nous ne dirons pas la réhabilitation, mais
la glorification de la boisson normande, et nous
avons été vivement intéressés par son plaidoyer.
Répondant à quelques-uns de ses confrères qui
ont cru pouvoir proscrire l'usage du cidre comme
nuisible, M. le docteur Dumont leur oppose la
solide constitution, la robuste santé de ces populations du littoral normand qui n'ont pas
d'autre breuvage. Il va plus loin, il établit, par
une statistique probante, qu'il possède des pro-
priétés thérapeutiques qui ne sont point à dédaigner; les maladies de la vessie et principalement
la pierre, assez multipliées dans les pays vini-

coles, sont plus que rares dans les contrées où l'on boit le cidre. Quatre cas seulement de ce mal cruel ont été relevés à l'Hôtel-Dieu de Caen, pendant une période de cinquante-neuf ans ; cette immunité n'est point isolée, elle s'étend à toute la région ; M. le docteur Dumont produit à l'appui de ses affirmations.des lettres de ses confrères du Calvados, de la Manche et de l'Orne, déclarant unanimement qu'ils n'ont qu'exceptionnellement et à de très longs intervalles observé ces accidents dans leur pratique. Voilà pour assurer au cidre la clientèle des graveleux tout au moins.

Peut-être entre-t-il un peu d'amour-propre national dans le panégyrique que le bon docteur consacre aux vertus de sa boisson bien aimée ; nous n'en sommes pas moins de son avis quand il prétend qu'elle a été condamnée sans jugement préalable. Très peu de ses contempteurs acharnés ont été à même de déguster du véritable cidre, du « père cidre », comme disait mon vieil ami Charles Jobey, un autre autre cidromane convaincu qui, s'il ne nous eût pas été enlevé, serait certainement une des têtes de colonne de la société « la Pomme ». Si le liquide d'un jaune trouble des cabarets parisiens n'y ressemble guère, on n'est pas plus en mesure de l'apprécier par la boisson économique dont les hôtels du littoral abreuvent leurs pensionnaires. Pour se faire une idée de la saveur agréablement styptique du « boire » nor-

mand, il faut qu'il vous ait été versé par quelque
propriétaire curieux et jaloux de sa réputation,
et par-dessus tout qu'il ait subi la consécration
de la bouteille.

Un vin, fût-il excellent, si vous le tirez au tonneau, si vous le laissez en vidange, ne vous
donnera qu'une idée bien imparfaite de ce qu'il
serait devenu après une année ou deux de mise
en bouteilles. Il n'en est pas autrement du cidre.
Le traitement normal du vin de pommes est le
chapitre le plus pratique du livre du docteur
Dumont, et il n'est certainement pas le moins
intéressant. Il ne se borne pas, bien entendu,
à indiquer les procédés à l'aide desquels on
peut l'amener à cet état de quintessence, il
traite avec autant de sagacité que d'expérience
de sa fabrication comme boisson usuelle. Il
sera un guide excellent pour les propriétaires
bien inspirés qui se décideront à demander à
des plantations de pommiers le moyen de soustraire leur personnel aux abominables sophistications du commerce.

X

La Décoloration du feuillage

Cette révolution de la tonalité du feuillage, si favorable à l'aspect pittoresque du paysage, qui jette une si grande variété dans le tableau, en décolorant en rouge les feuilles de certaines vignes, de l'épine-vinette, du sumac, etc.; en jaune les feuilles de l'acacia, du peuplier, du poirier, de l'abricotier; en fauve, des marronniers d'Inde, des chênes, des noyers, des tilleuls, etc., est assez curieuse à étudier, parce que, généralement, on ne se rend pas un compte bien exact des causes qui la produisent.

On l'accepte généralement comme l'effet et comme le signe de la décrépitude et de la vieillesse auxquelles elles seraient soumises, comme nous le sommes nous-mêmes; on la considère comme une sorte de préparation à la fin définitive, la chute qui représenterait notre mort. Poétiquement, l'explication est satisfaisante, et d'autant mieux qu'elle fournit des images saisissantes; mais la physiologie est plus difficile; elle a répondu que c'était séparer une partie du

tout auquel elle appartient, pour lui attribuer
une existence individuelle, et Macaire Princeps
a démontré qu'il était absurde de voir dans la
métamorphose du feuillage et dans la chute des
feuilles un symptôme de décrépitude et de
mort, puisque l'arbre qui les perd ne se porte
ni mieux, ni plus mal après qu'avant; il a établi
qu'elles étaient un simple phénomène de la vie
végétale, venu à son heure et à son ordre, une
suite de l'action continue des agents qui président à toutes les autres fonctions de la plante,
et on a cherché les causes de ce phénomène.

La lumière exerçant sur les couleurs une
influence active, on a tout d'abord supposé que
les changements de direction et d'intensité des
rayons solaires, conséquence des phases des
saisons, pouvaient agir sur la coloration du
feuillage. En effet, des expériences ont confirmé
ces présomptions. Des feuilles de branches
facticement abritées ont conservé leur nuance
primitive jusqu'au moment de tomber, tandis
que leurs voisines, laissées à l'air libre, subis-
saient leur décoloration ordinaire. D'autres
feuilles, dont une partie seulement était tenue
dans une obscurité protectrice, n'ont pas mo-
difié leur teinte dans cette fraction, et cependant, l'autre, abandonnée à l'action de la
lumière, passait, soit au rouge, soit au jaune.
Cette lumière est donc réellement une des
causes de la coloration automnale; mais de
Saussure et Senebier ont découvert que d'autres

agents y contribuaient également, qu'elle était encore l'effet d'un travail chimique qui s'opérait dans les tissus.

On connaît les principes de la respiration des végétaux : leurs parties vertes absorbent de l'oxygène pendant la nuit et restituent de l'acide carbonique à l'atmosphère ; pendant le jour, et sous l'influence de la lumière solaire, cet acide carbonique se décomposant, la plante s'en assimile le carbone, et l'oxygène, rendu libre, se dégage. Or, il a été établi que les parties vertes, feuilles et pousses, quand elles ont commencé à changer de couleur, cessent d'exhaler leur oxygène, quand elles sont frappées par les rayons du soleil; cet oxygène surabondant se fixe alors sur la substance verte contenue dans les utricules de la plante et est nommée chromule par de Candolle; il l'oxyde, comme il oxyde les huiles, les graisses, les couleurs des étoffes, et parfait la modification du coloris.

La décoloration automnale serait donc l'oxygénation de la chromule; ce qui tend à le démontrer, c'est qu'en plongeant une feuille, devenue jaune, dans un alcali, elle reprend sa nuance verte. Chez les arbres à feuillage coloré, hêtres, noisetiers pourpres, amarantes, jaunes, une disposition particulière de la chromule la rendant plus sensible à l'action plus intense de l'oxygène, leur communique prématurément les nuances éclatantes que les autres gardent pour l'arrière-saison.

Le phénomène de la chute des feuilles a été très judicieusement déterminé par M. Vaucher. On avait expliqué la défoliation par l'effort du bouton né, pendant l'été, à l'aisselle de ces feuilles, qui aurait pour résultat de pousser le pétiole loin de la tige; d'autres physiologistes en ont vu la cause dans les progrès de la différence entre l'accroissement de la circonférence de la tige et celui du pétiole qui y est soudé. Quelques-uns l'ont attribuée à une maladie spéciale de la feuille, occasionnée par l'afflux des sucs et la diminution graduée de la transpiration. M. Vaucher repousse ces trois hypothèses. Il lui semble incontestable que la défoliation a été préparée d'avance par la nature, à une place fixe et exclusive, et que les causes extérieures y sont absolument étrangères.

En effet, si on examine la base du pétiole d'une feuille tombée, on y remarque une section parfaitement tranchée, dont la contre-empreinte sur la tige n'est pas moins nette; l'union de cette feuille et de cette tige était une sorte de juxtaposition à peu près semblable à celle qui relie les deux os d'une articulation. « Il existe, dit-il, entre la tige et le pétiole une substance qui les relie l'un à l'autre et que les botanistes appellent le parenchyme. Tant que ce parenchyme est imprégné de sucs végétatifs, l'adhérence se maintient, et toute tentative de rupture aboutit à une déchirure; mais lorsque l'automne arrive, ce parenchyme interposé se dessèche et le pétiole se détache de la tige, comme on peut en voir des exemples dans la vigne, lorsquelle se dépouille de ses feuilles. De plus, les fibres qui enveloppent les vaisseaux dans la tige ou les rameaux ne sont pas de la même nature que celles qui pénètrent dans le pétiole. Au printemps, la différence n'est pas sensible, mais en automne les premières se sont endurcies, les autres sont restées herbacées; les premières continuent de vivre, tandis que les autres meurent, il doit y avoir entre elles une séparation naturelle. »

XI

Augures d'hiver

Tous les ans, au mois d'octobre, probablement depuis que le monde est monde, on commence à se préoccuper de ce que nous réserve l'hiver, dont le spectre se dresse devant nous. Sera-t-il rigoureux? Sera-t-il clément? Et sur ce thème, les augures s'en vont en guerre; mais comme tous les prophètes passés, ils penchent généralement pour le pire.

Une pluie de pronostications d'hiver rigoureux descend et s'abat sur les journaux, tant de Paris que de la province. L'un a reçu les confidences du rempart de pelures de l'oignon, un autre a interrogé les fourmilières; la plupart, le nez en l'air, à l'instar des augures de l'antiquité, mais pouvant se regarder sans rire, demandent leurs renseignements à l'apparition des bandes d'oiseaux migrateurs, et n'ont jamais vu passer une paire de canards sans en conclure que la barbe menaçante du bonhomme Hiver pointe à l'horizon, chargée, cette fois, de frimas absolument invraisemblables.

Nous n'avons pas la prétention de nier qu'il n'y ait d'utiles indications à tirer de ces observations. Mais ayant passé à la campagne la plus grande partie de notre existence et donné toute notre attention à ces petits faits qui sont les événements de la solitude, nous pensons que, soit pour un motif, soit pour un autre, on en exagère singulièrement la valeur et la portée.

Nous en citerons un double exemple. Les passages qui précédèrent le néfaste et rigoureux hiver de 1870 furent assez tardifs, sans être extraordinairement multipliés. En 1872, en revanche, il y eut un mouvement très accentué de la sauvagine vers le sud, dans les premiers jours de novembre; quelques jours après, un brusque revirement de la température faisait descendre le thermomètre à près de dix-huit degrés; après deux nuits qui furent fatales aux arbres de nos jardins, le temps se détendait pendant le reste de l'hiver, qui fut exceptionnellement doux et humide.

Oui, le passage des oiseaux migrateurs, particulièrement celui des palmipèdes, présage le refroidissement de la température; mais ce n'est jamais à longue échéance, comme on le croit généralement. S'ils se montrent de bonne heure, ils annoncent des froids précoces, ils n'autorisent pas à prédire qu'ils seront longs et rigoureux. Les seuls indices de l'intensité qu'ils pourront affecter nous sont fournis par la continuité des passages, par la rapide succession d'espèces différentes, défilant à peu près dans l'ordre suivant : sarcelles, canards, oies, harles, cygnes ; les gelées sont donc en pleine action quand les avertissements se produisent.

Il ne s'agit plus ici d'oiseaux auxquels leur instinct commande de changer de milieu à des époques régulièrement déterminées, comme sont la caille, l'hirondelle, les becs-fins, lesquels transitent dans l'acception rigoureuse du mot. Les palmipèdes et un certain nombre d'échassiers se déplacent beaucoup plus tôt qu'ils n'émigrent. Lorsque les lacs, les marais, les rivières polaires congelées se refusent à leur fournir leur subsistance, ils ne gagneront pas le Midi d'un seul vol, comme les migrateurs dont nous venons de parler ; ils se mettront en retraite devant l'ennemi, refluant tout doucement dans la direction du sud, passant des eaux de la Baltique à celles de la Hollande, mais ne lâchant pied que quelque vingt-quatre heures avant que le terrain qu'ils occupent soit envahi, s'éloignent le moins possible, et toujours contraints et forcés, de ce qui reste pour eux la patrie de prédilection. Admettez l'absurde, l'extrême nord sans hiver : il est très probable que cette année-là, ses hôtes emplumés ne le quitteraient pas.

En résumé, je doute que les oiseaux de passage soient un instrument météorologique aussi merveilleux que l'affirment les gens qui ont la prétention d'en jouer. Accordez trois ou quatre jours de marge à leurs pressentiments des futures révolutions atmosphériques ; ce sera loin des facultés de seconde vue qu'on leur décerne, mais ce sera plus conforme à la réalité. Que de gens voudraient posséder un flair, fût-il aussi limité, pour le mettre au service soit de la politique, soit de la finance !

XII

Derniers beaux jours

La première quinzaine d'octobre a singulièrement accentué la physionomie automnale; il n'a
fallu que quelques jours pour que le pourpre et
le jaune s'accusassent nettement sur les feuilles
des peupliers, des sumacs et de quelques arbris-
seaux; en même temps, la tonalité des massifs
forestiers passait du vert à la couleur du bronze,
qui, lorsque le soleil en illumine les variations,
leur donne un aspect à la fois si puissant et si
charmant. Ces admirables perspectives d'automne sont le bénéfice du coureur de bois que
le soin de suivre les manœuvres de son chien
dans la bruyère n'absorbe pas complètement;
il en est quelquefois assez profondément im-
pressionné pour oublier dans sa contemplation
et ce qui l'amène dans cette solitude et son
compagnon. Il va d'enchantements en enchantements; tout est séduction dans les perspectives
qui, pour lui, se déroulent depuis ces dessous
de bruyères qui, flétries, à demi-desséchées,
conservent quelque chose de cette teinte rose

qui donnait tant d'attraits à leur humilité, depuis ces fougères alanguies, brisées, dont les palmes verdoyantes ont pris la nuance du cuir de Cordoue, jusqu'aux grands chênes dont les frondaisons vigoureuses se relèvent maintenant par quelques filets métalliques miroitant à l'éclat des rayons, jusqu'aux bouleaux, dont la parure légère et tremblante s'émaille de disques d'or de jour en jour plus nombreux, jusqu'à cette plaine que, par une éclaircie, on entrevoit ruisselante de lumière, dans le sombre cadre des forêts du lointain. La chasse n'eût-elle d'autre avantage que de vous ménager le recueillement nécessaire à l'admiration de ce coucher de la nature, qu'il faudrait encore l'apprécier.

Ce seront les derniers beaux jours ; ils représentent ces amours de la maturité de l'âge qui terminent par un rayonnement l'églogue de quelques privilégiés. Et puis, un printemps, si fleuri qu'il soit, un été, fût-il resplendissant, ne sont qu'agréables : un bel automne charme et éblouit en même temps ; c'est par lui que le paysage de charmant devient grandiose. Les deux premières de ces saisons ont chacune leur livrée spéciale, dont l'universelle répétition atténue l'effet : le vert pour l'une, le jaune doré pour l'autre.

Dans son dernier effort, sa suprême pulsation, la végétation jette sur les feuilles toutes les couleurs de sa palette, avec la prodigalité de ceux qui sentent que la fin est prochaine. C'est une orgie de tous les tons, du fauve, du roux, du rouge, du brun, qui transforme les feuillages en masse dont les reflets sont à la fois harmonieux et d'un incomparable éclat. En ce moment, sous les feux du soleil au zénith, le petit bois d'à côté me représente un de ces palais des fées dont l'imagination du poète a lambrissé les murailles et recouvert la toiture avec des pierres précieuses de toutes les couleurs.

Maintenant, il faut bien l'avouer, que la rampe s'éteigne ou seulement s'assombrisse, et les grandioses perspectives de l'automne perdent immédiatement tout leur prestige. La pluie en été est ordinairement si bienfaisante, que l'on se montre indulgent pour ses menus désagréments; elle n'est qu'un intermède désagréable, mais nécessaire, et dont la répétition est improbable. La pluie, en automne, descendant d'un ciel bas et couleur de plomb, fouettée par une bise glaciale qui fait courir des frissons dans la chair et voltiger des essaims de feuilles prématurément détachées, résonne sur les vitres comme un glas de mort; toute illusion se fond et s'évanouit sous ses ondées; ces transformations qui, la veille, vous ravissaient d'aise, reprennent leur caractère funèbre, qui est le vrai.

Cette décoloration des feuillages marque l'agonie de la végétation; elle a beau être triomphale, elle n'en est pas moins une agonie; la plaine dénudée vous dit qu'il faut que de longs mois s'écoulent avant qu'elle ait recouvré sa parure;

tout dans ce pittoresque auquel vous avez célé
vous parle de l'évanouissement prochain. On a
beau se raisonner, il est alors bien difficile au
cœur de ne pas s'assombrir comme font les
nuages; sait-on jamais si l'on reverra ce qui va
vous quitter? On envie la philosophie inconsciente du laboureur qui, sous sa limousine
transpercée, pousse, impassible, sa charrue
dans le sillon, sans se soucier de la résurrection
prochaine, mais dont le blé, si celui qui l'a semé
n'est plus là, n'en profitera pas moins à l'humanité.

Car, ils se poursuivent, ces labours; on a
profité des beaux jours et les intempéries
ralentissent à peine les travaux. De quelque
côté que se portent les regards, ils rencontrent invariablement des attelées, couchées
dans le collier, avançant de leur pas méthodique, régulier, persévérant, tandis qu'autour
des socs la terre se soulève et s'épanche avec
un moutonnement de vagues. Elles ont pris
possession du champ d'œuvre avec le jour; la
nuit sera tombée lorsque le charretier, assis
sur un de ses chevaux, regagnera la ferme
sans jamais accélérer l'allure qui a caractérisé
le travail; à les voir, l'homme et ses bêtes si
peu hâtés, on dirait qu'ils ne ressentent aucunement le poids de leurs rudes labeurs. Effectivement, ce qui les affecte le plus vivement dans
l'hiver, c'est par dessus tout la brièveté des
jours. « La pluie, la neige, la gelée, tout cela

n'est rien, nous disait l'un d'eux; mais huit heures de soleil seulement, il faut être idiot pour avoir inventé ça; on ne trouve pas le temps de suer sa peine! » Si le problème de l'éclairage électrique à bon marché est jamais résolu, les campagnes n'en profiteront pas moins que les villes, et les mauvaises chances que les intempéries réservent au cultivateur se trouveront diminuées de moitié.

XIII

Chasse et pêche

Octobre est le grand mois des arrivages d'automne, comme avril est le grand mois des arrivages du printemps. Les hôtes ont changé comme la physionomie de l'hôtellerie. C'était, il y a six mois, un débarquement d'amoureux enivrés des effluves du renouveau, tout enchantés de retrouver illuminés les lieux qu'ils avaient quittés dans des jours sombres, saluant d'une chanson les bourgeons qui s'entr'ouvraient pour leur souhaiter la bienvenue, pressés, hâtés, impatients de faire leur œuvre dans la genèse printanière. Ceux qui arrivent aujourd'hui sont de véritables émigrants, ils nous rappellent ces pauvres paysans de la Brie, de la Champagne qui, en 1870, fuyant l'invasion avec leurs familles, couvraient nos routes de leurs lugubres convois ; ils viennent, chassés de la patrie par le froid qui, lui aussi, est un fléau, fatigués déjà de cette vie errante dont ils ne connaissent pas le terme, préoccupés de leur alimentation, inquiets du lendemain, et les cris qu'ils jettent en s'appelant à travers les airs ont quelque chose de lamentable.

Les départs ont été nombreux, depuis le commencement du mois ; l'arrière-garde des cailles et des râles de genêt a terminé son défilé ; il ne reste plus que quelques traînards ; des écloppés, d'autres chez lesquels un trop épais blindage de graisse a étouffé l'instinct du tourisme ; la poule d'eau, la judelle ont généralement gagné les eaux du Midi ; la canepetière ou petite outarde est partie, ainsi que le hochequeue, le pouillot, le torcol, la pie-grièche, l'émérillon ; les désertions individuelles parmi les espèces réputées sédentaires ne sont pas moins nombreuses, bien qu'elles soient inaperçues. Beaucoup d'étourneaux vont faire de la villégiature méditerranéenne, sans qu'on remarque une grande diminution dans leurs bandes compactes ; il en est de même des alouettes des bois, ou cujeliers : quelques-unes restent, les autres disparaissent, et même des geais, dont, selon quelques naturalistes, un certain nombre d'individus auraient été signalés dans les îles de l'Archipel en octobre 1883.

Une autre émigration partielle serait beaucoup plus curieuse si elle était parfaitement démontrée. Comme les geais, comme le cujelier, comme l'étourneau, une partie de nos pinsons se met en route au mois d'octobre, ceci est incontestable ; mais on a prétendu que les voyageurs appartenaient exclusivement au beau sexe de l'espèce. Heureusement, pour la considération des pinsonnes, que ce prétendu vagabondage indépendant a été attribué à une méprise de ceux qui l'auraient observé; ils auraient pris pour des femelles des mâles récemment mués et non encore pourvus de leurs teintes distinctives; il n'y a point de Fiancées du roi de Garbe chez ces gentils fringilles.

Arrivons aux voyageurs en transit, et citons d'abord la bécasse; elle est chez nous depuis une quinzaine environ. Le passage va se poursuivre jusqu'aux gelées. Ses cousines germaines, les bécassines, commencent à descendre dans les marais auxquels je vous engagerai à tâter le pouls tous les matins, si vous tenez à profiter du jour où l'auberge sera pleine. Un beau passage de bécassines est une aubaine rare, même pour les chasseurs qui habitent les lieux où ils s'effectuent, et qu'il faut mériter comme un prix d'excellence à force de persévérance et d'assiduité.

Sur les eaux ouvertes, le bataillon des canards et des sarcelles se trouve, chaque matin, grossi de quelques recrues, qui le soir continueront peut être leur vol dans la direction du sud. Il en est des voyageurs de la palmipédie comme de nos touristes : les uns, soit qu'ils soient d'humeur sédentaire, soit que les agréments du gîte les captivent ou tout simplement qu'ils soient nés dans les environs, s'établissent sur quelques étangs, et s'y cantonnent jusqu'à ce qu'un accident atmosphérique leur signifie leur congé ; d'autres s'en vont tout droit, étapes par étapes, dans les contrées où le déménagement forcé n'est plus à craindre. Les premières bandes d'oies apparaissent à la fin d'octobre.

Parmi les oiseaux en transit, citons le merle à plastron dont le passage, concentré presque entièrement dans la Normandie, se prolonge pendant une quinzaine, les hérons, les grues, les cigognes qui ne se montrent guère que dans l'Est, les milouins qui voyagent par bandes de trente à quarante, et les faucons-pèlerins, les zingari de l'air dont le séjour dans nos plaines est marqué par de quotidiennes rapines.

Une passagère plus aimable, c'est la grive. En tout temps, une grive de vigne a son prix, quoi qu'en disent les classiques qui lui refusent le titre de gibier ; mais dans les années de disette de poil et de plume, l'abondance de ce gentil prétexte à coups de fusil doit être considéré comme une faveur providentielle due probablement à l'intercession du grand saint Hubert, touché du désarroi de ses fidèles.

Quant à la chasse, le mois d'octobre représente sa période la plus active, la plus mouvementée et la plus attachante. En plaine, il n'y a plus, il est vrai, grand'chose à faire ; cependant, dans les pays bocagers et couverts, comme dans les vignobles, les perdreaux passés perdrix restent abordables et se défendent des pieds et des ailes avec une énergie qui double le prix de la conquête ; et puis, on trouve au bois d'amples dédommagements : les coqs-faisans sont dans tout l'éclat de leur magnifique livrée ; si les bécasses de sont pas assez nombreuses pour devenir les objectifs d'une chasse spéciale, elles figurent dans le programme de la journée comme le plus agréable des intermèdes ; enfin, tandis que les massifs de la grande propriété retentissent de la fusillade des battues, le chasseur rustique, plus modeste, qu'il découple ses chiens courants sur un chevreuil, sur un lièvre ou sur un humble lapin, a de bonnes chances pour ne pas revenir bredouille.

NOVEMBRE

I

Le jour des Morts à la campagne

L'Eglise a merveilleusement choisi sa date en fixant au 2 novembre le jour consacré à la mémoire de ceux qui ne sont plus. Presque toujours le ciel s'harmonise avec l'esprit de la solennité et se drape de deuil comme le sanctuaire; il accentue la mélancolie qui s'attache au souvenir des êtres aimés et disparus, à laquelle la pensée d'une fin certaine n'est probablement pas étrangère.

On a souvent parlé de la piété que les villageois conservent dans le culte de leurs morts; plus nous les observons, plus nous sommes frappés de l'intensité avec laquelle, chez eux, ce sentiment prime tous ceux qui les agitent.

La popularité de la fête des morts grandit

sans cesse. Classée par l'Eglise au nombre des solennités secondaires, elle a pris d'année en année plus d'importance; elle est devenue le plus solide arc-boutant de ce qui subsiste de l'antique foi. C'est elle qui maintient dans le rang les sceptiques inconscients, très nombreux dans les villages; ils font très bon marché des autres dogmes, ils ne renonceront pas volontiers à celui qui, établissant une certaine solidarité entre les âmes envolées et celles qui sont restées sur terre, leur permet de croire que les pensées que les secondes résument dans une prière ne sont pas perdues pour les premières. Je me suis toujours figuré que la première conception de l'immortalité devait avoir appartenu à une mère frappée dans son amour pour le fruit de ses entrailles. Quand elle venait pleurer sur les restes de cet enfant, elle ne pouvait embrasser d'autre espoir que celui de retrouver cet être adoré par delà la tombe. Cet idéalisme, qui atténue l'horreur de cette fin dont seuls entre toutes les créatures nous avons la pleine perception, qui nous la représente comme la réunion à tous les êtres que nous avons aimés, était trop consolant pour rencontrer des réfractaires; ce n'est pas seulement le sentiment, c'est l'égoïsme humain qui l'impose.

L'empressement des villageois à se rendre le 2 novembre aux cimetières n'a rien à perdre à être comparé à l'affluence des citadins dans

les champs de repos. Ce n'est pas seulement
une fraction considérable de la population qui
vient s'agenouiller sur les tombeaux, c'est cette
population tout entière; les infirmes et les malades manquent seuls au funèbre rendez-vous.
Cette fois, le père, les garçons, qui le reste de
l'année découvrent toujours un travail impé-
rieux et pressant qui les dispense d'assister
aux offices, ont prévenu les sollicitations de la
femme, de la mère; ils ont d'eux-mêmes en-
dossé les blouses neuves, tandis que celle-ci
tirait de l'armoire les vêtements de deuil pour
ses filles et pour elle. C'est en corps, comme
aux jours où ils conduisaient un des leurs à ce
cimetière, qu'ils se dirigent vers l'église.

Il y a certainement des nuances dans ces
manifestations; en ce qui concerne les ascen-
dants, elles sont plutôt officielles que profondes. Depuis qu'il ne se donne plus le tort de
manger un pain qu'il ne pouvait plus gagner,
on est devenu nous ne dirons pas plus tendre,
mais plus indulgent pour le vieux grand-père;
on ne refusera pas au tertre, sous lequel il repose, l'aumône d'une prière en ce jour consacré, comme dans la semaine de Pâques l'of-
frande d'un brin de buis bénit; cependant, nous
ne jurerions pas que le respect humain n'ait
pas une petite part à ce témoignage des regrets.

Où ces regrets s'affirment avec une vivacité,
une ténacité vraiment touchantes, c'est toujours

sur les tombes des enfants disparus, des enfants enlevés aux alentours de l'âge viril surtout. Il est encore assez fréquent dans nos campagnes de voir, en pareil cas, une mère prendre le deuil et le conserver rigoureusement jusqu'à ce qu'elle aille elle-même rejoindre celui de la perte duquel elle n'a pas voulu être consolée. Dans telle autre famille, après une de ces terribles épreuves, le rouge sera pendant des années banni de l'ajustement des garçons comme de celui des filles. Pourquoi le rouge plutôt que le bleu, que le jaune! Jamais je n'ai pu en découvrir la raison. Il m'a toujours été répondu tout simplement : — Parce que c'est du rouge; — ce qui n'élucidait guère le problème; le motif s'en trouve probablement dans une répulsion instinctive pour une couleur qui, plus qu'aucune autre, tranche par son éclat sur la sombre livrée de la mort.

Nous avons vu une femme vêtue de noir, au bonnet recouvert d'un crêpe, agenouillée sur un tumulus où l'herbe avait poussé haute et drue, comme dans un pré, devant une croix de bois aux caractères à demi effacés et dont un des bras vermoulus était tombé. La femme priait et pleurait, pleurait surtout; des larmes sillonnaient son visage rouge et ridé; parfois elle le cachait dans ses mains jointes, sans parvenir à étouffer ses bruyants sanglots. Celui qui, sous ce tertre, dormait le grand sommeil, était un mobile, mort en 1870, des suites de blessures. La blessure faite à ce cœur de mère datait de treize ans, il saignait comme au premier jour. C'est par la puissance de ses sentiments maternels que la paysanne honore l'humanité.

La saisissante mise en scène des cérémonies du culte catholique n'a pas médiocrement contribué à entretenir cette ferveur. En dépit de la solennité de la Toussaint, les rangs des fidèles sont très clairsemés à la messe. Aux vêpres, qui se disent ici pour les morts, les hommes ne sont pas moins nombreux que les femmes, et le trop-plein du sanctuaire se déverse sous le porche de l'église. Le catafalque, aux noires draperies, les cierges, les chants funéraires agissent fortement sur ces esprits, déjà impressionnés par le souvenir de ceux que la date leur rappelle et avivent des plaies que l'on pouvait croire cicatrisées. Le rapprochement des champs de repos pourrait bien lui-même ne pas être étranger à cette piété spéciale. Il est encore beaucoup de villages où les tombes forment une ceinture à l'église, toujours située au centre de l'agglomération. Là, point de lieu d'exil pour les défunts ; ils reposent au milieu de leurs parents, de leurs amis, comme ils y dormaient lorsqu'ils étaient de ce monde. Impossible pour les vivants de passer par là sans que leur regard rencontre une touffe de buis verdoyant, un if au feuillage sombre, une touffe de marguerites des champs, qui leur rappelle que sous cette herbe, sous ce buisson, gisent les restes d'un être qui leur fut bien cher, sans que son image se dresse pour cheminer, au moins un instant, à leurs côtés.

Peu de bouquets, peu d'*ex-voto* sur les tombes ; le raffinement qui consiste à jeter des fleurs sur la poussière de ceux pour lesquels il n'est plus ni couleur, ni parfum, est trop subtil pour ces esprits positifs. Bien que la cueillette en soit aisée, vous chercheriez vainement à l'une de ces croix de bois

Le bouquet de houx vert et de bruyère en fleurs

que le poète aimait à porter à ses morts de Villequier. En revanche, les couronnes de perles noires et blanches, encadrant soit un saule pleureur, soit deux mains jointes, en carton-pierre, sur un morceau de fer blanc, commmençent à s'acclimater chez nous. Certainement, ces colifichets ouvragés gâtent quelque peu la simplicité grandiose de ces tumulus, où l'herbe en poussant drue et verdoyante marquait seule la place de ce qui fut un être humain. La réflexion fait accepter cette bimbeloterie avec quelque indulgence ; si on lui a donné la préférence sur un bouquet de fleurs naturelles, c'est parce qu'elle coûte de l'argent, et, lorsque le paysan affirme ses regrets par un sacrifice quel qu'il soit, ils deviennent deux fois respectables.

L'hygiène a condamné ce voisinage des tombes ; nous ne protestons pas contre sa décision.

Il n'était cependant pas aussi insalubre morale-
ment que matériellement. Il nous paraît impossible que la vue permanente de ce but réel vers
lequel, tous, nous marchons, le seul que nous
soyons sûrs d'atteindre, auquel nous arrivons si
vite, n'engendre pas une sorte de philosophie pratique. En présence du misérable monticule où
viennent aboutir toutes les ambitions, comme
toutes les convoitises, toutes les haines comme
toutes les amours, au service desquels se dépense notre vie, on doit se demander s'il ne
serait pas sage d'employer des instants si courts
à s'aider, à se secourir et surtout à s'aimer les
uns les autres.

II

L'été de la Saint-Martin

On dénomme ainsi une période de recrudescence de beaux jours se produisant aux alentours du 11 novembre, protestation suprême de la chaleur contre le froid qui vient prendre sa place. Il paraît que les saisons même ne se résignent pas à la mise en disponibilité. Les frimas aussi ont leur combat d'arrière-garde; ils le livrent au mois de mai, où ces journées réfrigérantes ont reçu le nom de « saints de glace » : les deux escarmouches ont des chances diverses; quelquefois les saints de glace fondent comme de simples tas de neige aux rayons d'un soleil vainqueur, quelquefois aussi l'été de la Saint-Martin ne présente qu'un sommaire de tout ce que l'hiver nous réserve de désagréments.

Nous avons, nous autres, notre été de la Saint-Martin : cependant, comme nos étapes autour du zodiaque de la vie humaine sont astreintes à des règles moins fixes que celles qui président à l'annuelle pérégrination de notre globe, l'épo-

que à laquelle se produit ce phénomène varie
selon les individus. On peut fêter l'été de la
Saint-Martin à cinquante ans comme à soixante;
bien mieux, il peut se renouveler plusieurs fois
pour quelques mortels privilégiés. S'il faut en
croire Tallemant des Réaux, le duc de Caumont-
Laforce, celui-là même qui, étant enfant, échappa
au massacre de la Saint-Barthélémy d'une manière si miraculeuse, se maria onze fois pendant
les quatre-vingt-seize ans qu'il vécut, d'où l'on
peut conclure à une demi-douzaine de retours,
au moins, de l'heureux nonagénaire vers les
jours ensoleillés, dits été de la Saint-Martin.
Malheureusement, tout ce qui reluit n'est pas
or; si, conjugalement, ces illuminations rétros-
pectives sont aussi fécondes que l'a prétendu
Corvisart, il ne faut pas les prendre au sérieux
aux points de vue agricole et horticole; si réjouissant qu'il soit, ce dernier embrasement des bois
dépouillés provoque plus de rhumes qu'il ne fait
pousser de salades.

Cependant, nos blés en terre s'en trouvent
bien; c'est au moins pour eux un bon présage
que d'avoir été salués par ce rayon encore vivifiant dans sa pâleur au moment où, brins
d'herbe, ils émergeaient du sillon.

Mais craignant sans doute que nous prenions
ses ensoleillements au sérieux, l'été de la Saint-
Martin tient, neuf fois sur dix, à nous rappeler
que les beaux jours qu'il représente sont des
jours de grâce. Il lâche la bride à l'hiver, qui

nous livre alors non plus une escarmouche d'avant-garde, mais un assaut préliminaire.

L'effet de ce froid, le premier qui soit vraiment digne du titre de gelée, est de précipiter la débâcle du feuillage : deux heures après le lever du soleil, les feuilles se mettent à pleuvoir dru comme la grêle d'une nuit d'orage, et presque instantanément le paysage, encore si charmant avec ses grandes masses de teintes jaunes, prend l'aspect dénudé et désolé qu'il gardera pendant cinq mois.

L'année s'efface dans la nature avant de disparaître du calendrier. Ce qui en a été la parure et l'emblème s'est évanoui peu à peu et, en ce mois, la livrée de l'hiver est au complet; la plaine nue est à peine irisée çà et là par la verdure incertaine des blés naissants, mais ce sont surtout les bois qui sont sévères. Quelques cépées de bouleaux encore garnies de leurs disques devenus d'un jaune d'or, le paillon de la végétation, tranchent seules sur le brun roux des masses forestières; des fougères desséchées, éplorées, brisées, des herbes flétries, les plaques de mousse d'un vert sombre émergeant de loin en loin du tapis de feuilles mortes, donnent aux dessous un aspect de désolation.

Au moment même où il semble dire adieu à la vie, l'arbre montre quelquefois le bourgeon par lequel elle s'affirmera; chez les humbles qui rampent à ses pieds, rien encore à cette heure n'annonce la résurrection, rien que les verdures

qui ont le don d'immortalité, des genêts et des
ajoncs épineux. Cette dénudation générale est
essentiellement propice au tir du lapin et de la
bécasse, mais, si dégagé de toute préoccupation
mélancolique que soit le coureur de bois, il est
impossible que son humeur ne se ressente pas
quelque peu de la tristesse de ce milieu.

Nous ne sommes pas les seuls que cette
brusque révélation des rigueurs hivernales impressionne. Les petits oiseaux en sont désagréablement affectés : ils vont, ils viennent, le
plumage gonflé, voletant de branche en branche,
sautillant sur la terre, multipliant leurs cris
comme s'ils cherchaient à se rassurer mutuellement, visiblement inquiets de cette révolution
de la température qui a fait évanouir les insectes sur lesquels ils comptaient pour leur déjeuner, et solidifié la gouttelette d'eau qu'ils voudraient boire.

III

Fourrages. — Le Soja hispida

La pénurie des fourrages sera la grosse épreuve de la saison qui commence; si les froids devenaient rigoureux ou se prolongeaient, le bétail, qui déjà se vend à vil prix, — ce que la facture de votre boucher ne vous aura certainement pas encore permis de soupçonner, — affluerait sur les marchés dans des proportions qui rendraient les transactions ruineuses pour les petits cultivateurs.

Ils ne seraient malheureusement pas les seuls qui se verraient forcés de vider leurs étables; toutes les grandes exploitations ne pourvoiraient pas aisément à l'alimentation de leurs troupeaux; leur ressource actuelle, le maïs, fourrage dont la culture a pris une extension si rapide, est parfois fortement maltraité par les premières gelées.

Cette répétition trop fréquente d'un déficit dans les récoltes fourragères donne une sérieuse importance aux introductions des plantes qui peuvent, soit en vert, soit en sec, servir à la nourriture des animaux. On vante comme telle la consoude rugueuse du Caucase; nous n'avons pas été à même de l'expérimenter, mais nous avons essayé le *soja hispida*, et il nous a donné d'excellents résultats. Nous ne croyons pas cependant que l'avenir du *soja hispida* soit dans ses graines, dont les mérites avaient été primitivement préconisés; on nous les présentait comme des siliqueux destinés à tenir le milieu entre le haricot et la lentille; la prétention nous a paru imparfaitement justifiée. Le soja, à notre avis, peut être considéré comme le marron d'Inde des légumineuses; sans égaler l'amertume de ce dernier, le grain en est sensiblement affecté; on l'en débarrasse, il est vrai, à l'aide d'une manipulation préparatoire qui rentre quelque peu dans le domaine de la chimie; ses titres sont donc insuffisants pour détrôner le haricot, qui a, lui, le mérite de passer, d'un saut, du jardin dans la casserole.

Au point de vue de la grande culture, c'est une autre affaire, et nous sommes convaincus que celle-ci arrivera rapidement à vulgariser le soja hispida. Les moutons le goûtent avidement, dit-on; il pourrait fournir un appoint important à leur alimentation de l'hiver, car sa fertilité en grains est fabuleuse : chaque pied fournit, à la lettre, plus de siliques que de feuilles; mais c'est surtout comme fourrage que le soja nous paraît une acquisition précieuse. La végétation de nos soja, plantés en terre

forte, un peu froide, a été excessivement lente
pendant les six premières semaines, mais leur
croissance devint rapide après la pousse de la
seconde feuille; au mois d'août, ils formaient
une masse de verdure tellement compacte, bien
qu'espacés à trente centimètres, que nous
dûmes les faire éclaircir à plusieurs reprises.

Donnés en vert à des lapins, à des vaches, à
des chevaux, ils nous ont semblé représenter,
pour ces animaux, un régal; au bout de quelques jours, nous les avons vus les uns et les
autres rechercher les tiges du soja au milieu
d'autre vert auquel elles avaient intentionnelle-
ment été mélangées. Fauché vers le 20 septembre, notre carré de soja hispida s'est parfaitement fané. Il nous a donné un fourrage peu
odoriférant, de couleur brune, que les animaux
ci-dessus goûtaient volontiers, quoique, nécessairement, avec moins d'appétence qu'à l'état
frais. La largeur des feuilles du soja nous faisait redouter qu'elles ne s'effritassent après
leur dessication; ces craintes ne se sont pas
justifiées; leurs bottes ne laissent pas beaucoup plus de débris que le foin de prairie,
beaucoup moins que le trèfle.

IV

La Cueillette du bois mort

Nous sommes entrés dans le premier mois de l'hivernage, le plus lugubre peut-être de cette lugubre période. Les branches échevelées se tordent avec toutes sortes de plaintes, sous les rafales de la bise; à leur souffle, les feuilles se dispersent en tourbillonnant, le dépouillement est commencé; c'est par lambeaux que s'en va la parure de nos arbres. Sur la terre, les tons éclatants de la végétation sont déjà éteints; ses efforts pour échapper à l'anéantissement qu'elle sent venir ne produisent plus que des tiges amollies et décolorées. Des nuages bas et rapides passent sur la plaine dépouillée, sur la vallée où proteste encore un reste de verdure, et communiquent au paysage une teinte grisâtre uniforme, sans ombre, comme sans lumière. Voilà le tableau.

Quant aux acteurs, ils ne se ressentent pas trop de ces lugubres perspectives. Le laboureur n'admet, en fait d'intempéries, que celles qui lui ravissent le champ d'œuvre, comme les

pluies continues qui le détrempent, les gelées
qui le durcissent, la neige qui le recouvre. Pour
lui, les autres menus accidents atmosphériques
ne comptent pas; il assiste à leurs révolutions
avec une parfaite indifférence. Il faut un certain raffinement de l'esprit pour devenir sensible à la tristesse du décor, pour être impres-
sionné par ces préludes du deuil annuel de la
nature.

Ces tempêtes, qui ouvrent la marche des frimas, sont d'ailleurs acceptées par les pauvres
gens comme un bienfait. Ce ne sont pas seulement les feuilles qui se détachent, les branches
mortes, grosses et menues, cèdent, elles aussi,
aux secousses du vent, tombent avec fracas,
jonchent le sol et y ménagent une glane très
appréciée de nos populations. Le soir venu, vous
les verrez tous, bonshommes, bonnes femmes
et enfants, courbés, pliés sous un fagot qui
n'est jamais trop proportionné à leur taille, à
leurs forces, — l'ambition ne perd jamais ses
droits, — cheminer lentement, mais joyeusement, vers leurs chaumières.

On en sera ménager, comme nous le sommes
aux champs de tous les biens de ce monde,
qu'ils aient été achetés, ou qu'ils viennent sans
intermédiaire du bon Dieu. On n'y puisera
guère que pour faire bouillir la noire marmite
où va cuire le souper de la famille; mais le
vieux grand-père, profitant de l'aubaine, expo-
sera ses mains ridées et tremblotantes aux

caresses de la flamme; le cercle des petits, aux joues marbrées par le froid, se formera autour du brasier pour jouir de sa chaleur et de ses pétillements. On ne se doute guère, à la ville, de ce qu'il peut y avoir de joies dans la possession d'un fagot de bois mort.

Les femmes sont toujours les plus âpres dans cette chasse aux épaves forestières, et, nous devons l'ajouter, les plus redoutables pour les possesseurs des bois dans lesquels elles s'y livrent.

Vous les avez vues tout à l'heure tenir un compte médiocre de leur vigueur et de leur peine dans la confection du fardeau qu'elles devront transporter cahin-caha dans leur demeure. Elles trouvent assez généralement que la dispensatrice de ce bienfait, la végétation, fait trop parcimonieusement les choses et ne s'arrête pas dans un nombre suffisant de brins et de branches. Tantôt elles ajoutent à leur fagot un appoint de bois parfaitement vif, tantôt, retenues par un reste de délicatesse, elles se contenteront de ménager à maître Borée de bonne et facile besogne, par quelques coups de serpe habilement distribués dans les plus beaux jets d'une cépée. Malheureusement, ces bûcheronnes improvisées se mettant peu en peine des règles les plus élémentaires de l'abatage, il arrive trop souvent que tous les brins de ces souches attaquées se dessèchent et meurent : comme la hauteur du taillis qui les englobe les empêche de repousser, il en résulte des vides qui ne profiteront plus à personne, ni même aux *boissières*.

Empêcher de pauvres gens de ramasser un bois mort qui, s'il n'est pas recueilli, pourrira inutilement sur le sol, c'est bien rigoureux, et, si graves que soient les inconvénients de cette cueillette, beaucoup de propriétaires hésitent à l'interdire.

Il y aurait peut-être pour eux un moyen de concilier les nécessités de la conservation forestière avec les devoirs que nous impose l'humanité. Il consisterait à distribuer, tous les ans, un certain nombre de fagots aux familles inscrites au bureau de bienfaisance de la commune : ce faisant, on serait absolument amnistié par sa propre conscience, lorsqu'on aurait fait exécuter rigoureusement l'ordonnance qui interdit aux boissiers et boissières le port d'aucune espèce d'instrument tranchant. Quand on a pu apprécier l'irrémédiable dommage que les agissements dont il vient d'être question peuvent occasionner dans des taillis, on est de cet avis que l'impôt volontaire que nous proposons ne représente pas un mauvais placement.

V

Chasse et pêche

En novembre, encore des départs, et bien peu d'arrivées en dehors des palmipèdes. La draine, l'œdicmène ou courlis de terre, le plus grand des pluviers, l'engoulevent disparaissent. Le milan s'en va, les faucons s'aperçoivent plus rarement ; quand viendra décembre, ces pirates seront descendus vers le sud. Les petits-ducs figurent parmi les émigrants du jour : réunis par groupes, ils gagnent aussi les pays du soleil. Les bois sont muets comme ils sont déserts ; les cris rauques de quelques pies, de quelques geais qui ont opté pour l'hivernage, le croassement des corbeaux qui passent à hauteur sont les seuls bruits qui les animent.

La plaine, au contraire, a conservé une certaine quantité d'alouettes, population flottante qui grossit, qui diminue, selon les mouvements de la température : l'alouette, classée parmi les migrateurs par quelques arrêtés préfectoraux, est un simple nomade.

Plus aguerries contre le froid que la draine,

s'étant attardées dans les régions du Nord, à la cueillette des baies, sorbier, génévrier, etc., deux autres variétés de grives : la litorne et le mauvis, passent toujours en troupes quelquefois nombreuses.

Le passage considérable du mois, celui qui a des droits au livre d'or de l'hôtellerie, c'est toujours la bécasse. Comme elle transite depuis le milieu d'octobre, le gros de son armée est déjà descendu en laissant derrière elle, non seulement pas mal de victimes, mais des traînards qui, préférant les risques d'une certaine abstinence aux fatigues d'une si longue carrière, ou séduits par la moisson de vermisseaux que leur offrait quelques gaulis marécageux, se sont décidés à s'y cantonner.

A la fin du mois a lieu le second passage que les chasseurs appellent le passage de la Saint-André. Nous l'avons toujours trouvé beaucoup plus irrégulier que le premier : il se compose probablement d'oiseaux qui ont séjourné à l'étape tant que la température y est resté clémente. Quand la gelée n'avait pas été sérieuse, nous avons trouvé des bécasses cantonnées dans des contrées beaucoup plus septentrionales que la France jusque vers la mi-novembre : c'est là ce qui explique comment ce passage de la Saint-André est tantôt abondant, tantôt absolument nul.

C'est en ce moment-là que s'opèrent les grands mouvements des bécassines ; ajoutons que c'est encore celui où ces intéressants oiseaux ont pris un embompoint plus flatteur pour celui qui les mange que pour eux. Une bécassine, quelle que soit sa condition, est toujours une bécassine pour un chasseur; pour un gastronome, celles qu'il mange avant ou après le mois de novembre ne comptent pas.

Si le bois a perdu ses hôtes ailés, ses autres pensionnaires que leur qualité de quadrupèdes a retenus au rivage, continuent de traverser la période des tendres agitations. Elle s'est terminée vers le 15 novembre pour l'honnête chevreuil, qui met bas sa tête après cette clôture de ces épanchements conjugaux. C'est le tour d'un autre forestier moins gracieux et moins régulier dans ses mœurs, le sanglier. L'épaisseur de sa paroi qui défie les balles n'est point à l'épreuve des traits de celui que la poétique de l'empire appelait le petit dieu malin; vers la fin du mois, il en ressentira l'influence, et ces amours sauvages trouveront dans les neiges et les frimas de décembre un cadre digne d'elles.

La Saint-Hubert va ouvrir la série des fêtes de la vénerie et des grandes solennités cynégétiques. A défaut de rabats, on a les battues aux bois, aujourd'hui bien dégarnis. La chasse aux chiens courants n'est possible, au contraire, que lorsque les feuilles dont le sol est jonché ayant été rendues adhérentes les unes aux autres par quelques gelées, cesseront de rouler sous les pieds des animaux de chasse et de rendre leur menée assez difficile sous les couverts.

Sur l'eau, le mois de novembre n'est pas de ceux qui se marquent d'une pierre blanche. Le poisson, qui a commencé à gagner les profondeurs, mange peu ; cependant, en jetant sa ligne aux heures les plus chaudes de la journée, on prendra des chevennes en amorçant avec du sang, des gardons, des brêmes, plus rarement des carpes avec le blé cuit.

Les lignes de fond et les amorces vives donneront des brochets, des perches, des anguilles et des lottes.

Quant aux filets, leurs résultats sont variables en ce moment ; le poisson se tenant généralement rassemblé, très souvent on jettera l'épervier vingt fois de suite sans aucune espèce de succès, et quelquefois aussi, un unique coup ramènera toute une population frétillante.

DÉCEMBRE

I

Travaux et veillées

Si le monde où l'on s'amuse est outillé pour tenir tête à la pluie, si les chasses à courre, les chasses à tir, les courses, ne voient point s'attiédir les ardeurs de leurs fidèles, on est infiniment moins résigné dans le monde où l'on travaille. Ce n'est pas de l'ennui d'être mouillé que l'on s'y soucie ; d'abord, la limousine n'a rien à envier au mackintosh, et puis — la pluie, cela débarbouille toujours un brin — comme nous disait un intéressé. Les griefs ont plus d'importance : elle se donne le tort de détremper le sol et de le transformer en marécage ; pas de semailles, pas de hersages possibles dans cette plaine où chaque sillon représente un petit canal, et l'heure où ces travaux devraient s'accomplir marche vite.

Quand la pluie semble tenir à s'élever à la
dignité de fléau, l'état de nos terres, changées
en cloaques, donne une importance particulière
à un de ces travaux de l'hiver qu'on est trop
souvent disposé à négliger, à l'ouverture et à
l'entretien des rigoles et des sillons d'égoût
dans les terres ensemencées. Mathieu de Dombasle le jugeait d'une telle nécessité que, dans
son admirable *Calendrier du bon cultivateur*, il
revient presque tous les mois sur les bienfaits
de cette opération.

« Dans les temps de pluie et de fonte de neige,
dit-il, on doit visiter exactement et fréquemment tous les champs semés en blé, en colza et
autres plantes hivernales, pour procurer aux
eaux un facile et prompt écoulement. On ne
doit pas négliger le même soin dans les terres
argileuses qui doivent être cultivées et ensemencées de bonne heure au printemps ; car si
l'eau y séjourne pendant l'hiver, cela retardera
peut-être de quinze jours, et souvent même
davantage, l'époque où la terre se trouvera en
état de recevoir une bonne culture. »

Nous le répétons : la précaution est d'autant
plus indispensable que, si des gelées d'une certaine intensité nous surprenaient sans que la
neige eût fourni aux jeunes plantes un abri pro-
tecteur, elles causeraient, dans nos emblavures
saturées d'eau, d'irrémédiables dommages.

Cette désolante température entrave singulièrement le peu de travaux que le cultivateur

peut accomplir dans le mois de décembre. Ce serait l'heure de conduire dans les champs, les marnes, les composts et les boues ; mais la voiture qui s'y hasarderait risquerait fort de rester embourbée jusqu'au moyeu. Les labours d'hiver, qui n'ont d'autre but que d'exposer la terre à l'action de la gelée, et n'exigent pas de grandes précautions, sont eux-mêmes bien loin d'être partout praticables.

Tout se réduit, en ce moment, dans les fermes, aux occupations intérieures et particulièrement au battage, là où les machines n'ont pas encore tout à fait détrôné l'antique fléau : quant aux premières, si elles sont dirigées avec intelligence, elles ne laisseront pas que de devenir productives. Au moment des grands travaux, on laisse toujours en souffrance, dans une exploitation, un certain nombre de soins secondaires qui ne sont pas cependant sans utilité : remblais et chargement des chemins, curage des fossés, menues réparations au matériel et aux harnais, perfectionnements dans l'aménagement des écuries et des étables, etc.; il est bien rare qu'on ne retrouve pas, dans tout cela, l'emploi de son personnel.

La petite culture, dont le champ d'œuvre est étroit, qui recourt rarement à la machine pour égrener ses céréales, ne connaît guère de chômage. Quand elle ne peut occuper sa pioche ou sa bêche, elle a de la besogne dans la grange, au besoin quelque trogne à dépecer, quelque souche à extraire. Avec cette parcimonieuse fourmi que l'on appelle le paysan, il n'y a jamais rien de perdu, même quand le profit n'est pas proportionnel à la peine.

En décembre, comme en janvier, les veillées nous fournissent un des plus pittoresques tableaux de la vie des champs : se passer de feu en lui substituant la douce chaleur de l'étable, économiser une chandelle et passer une revue sévère des faits et gestes du voisin, voilà le programme de ces raoûts rustiques déterminés à la fois par l'économie et par cette passion du commérage, qui est la dominante du beau sexe villageois. Parfois la pensée d'une des causeuses s'arrête sur l'absent, sur le soldat, la constante préoccupation des cœurs de mère; elle a été aussi à quelque enfant mort, son deuil éternel, et alors, sur ces joues tannées et bistrées par le hâle, on voit courir quelque larme, empruntant aux clartés douteuses de l'unique luminaire le scintillement du diamant.

L'exploitation forestière est entamée depuis la fin de novembre. Elle représente un des grands travaux de l'hiver, elle est une des plus importantes ressources des ouvriers des champs pour cette saison. On procède à l'abatage des taillis qui ne doivent pas être écorcés; quand le terrain sera dégagé, on fera tomber les arbres de futaie. L'opération nécessite une certaine surveillance; si elle était confiée à des mains inhabiles ou inexpérimentées, les intérêts du propriétaire en souffriraient grandement. En règle générale, l'abatage doit se pratiquer au ras du sol; cependant, dans les terrains humides et froids, il arrive quelquefois que la souche pourrit après plusieurs recépages. L'ouvrier doit donc tenir compte des conditions du sol, et, si cette dernière se présente, abattre à environ quinze centimètres du collet; partout ailleurs, la coupe au ras de terre doit être strictement observée.

C'est encore en décembre que se récoltent les cônes des résineux dont on veut tirer graine, et que l'on défonce et prépare les terrains destinés aux semis et aux plantations. Enfin, on prend ses mesures pour faciliter l'écoulement des eaux, dont le séjour dans les massifs forestiers a toujours des inconvénients.

II

Battage en grange

La révolution que l'introduction des machines
a opérées dans le battage a enlevé au petit cultivateur la plus lucrative de ses occupations
sédentaires. Au temps jadis, le journalier de
nos campagnes, chaudement enfermé dans la
grange, narguait le froid durcissant le champ
d'œuvre ou les giboulées crépitant sur le
chaume, en faisant jouer le fléau, en cadence,
depuis l'aube jusqu'à la nuit.

Cette musique du bois frappant l'aire, qui de
si loin annonçait la ferme, les gens qui l'ont
entendue dans leur enfance ne l'auront probablement pas oubliée. Comme le tic-tac du moulin, elle avait son caractère, caractère joyeux
dans sa monotonie; elle représentait l'accom-
pagnement de la danse des grains de blé jail-
lissant hors de leurs alvéoles, de ces grains qui
seront le pain, qui est la vie. Et puis l'orchestre
avait, sur beaucoup d'autres, l'avantage d'être
pittoresque. Que d'heures se sont passées à
contempler ces bras robustes s'élevant et

s'abaissant en mesure, ces battes aux tournoiements vertigineux qui fouettaient les gerbes tour à tour !

Tout cela est de l'histoire ancienne : aujourd'hui, le paysan ne bat que sa petite récolte, les grandes exploitations utilisent les machines qui donnent un travail plus parfait, plus rapide et plus économique à la fois. Ce n'est donc pas l'antique méthode que nous regrettons, c'est la ressource qu'elle représentait pour les ouvriers de la terre, pendant la mauvaise saison. Lorsque, aujourd'hui, en traversant le village, vous entendez dans une grange le flic-flac cadencé du « batteur » sur l'aire sonore, vous pouvez être à peu près certain qu'elle appartient à quelque petit cultivateur qui s'est réservé pour lui-même cette besogne d'hiver, moins par horreur des inventions nouvelles que pour n'en partager le profit avec personne; les salariés sont bien rarement appelés à y participer aujourd'hui.

Il est vrai que la fabrication du ballast pour les voies ferrées, une industrie nouvelle, supplée à l'ancienne, mais dans une certaine mesure : elle a ses chômages, le battage n'en avait pas.

Ce battage en grange était spécial à la région septentrionale; on n'opérait pas autrement dans la Brie, la Beauce, la Normandie, le Maine, la Picardie, la Lorraine, contrées où les céréales sont conservées pendant plusieurs mois, soit dans des bâtiments, soit dans des meules placées en dehors des fermes. Il s'effectuait sur une aire composée de terre argileuse, battue et corroyée, puis enduite, lorsqu'elle était sèche, de sang liquide qui en glaçait et durcissait la surface.

L'avoine est la céréale qui s'égrène le plus facilement au moyen du fléau, puis viennent l'orge, le seigle et le blé. Mais la perfection de l'opération dépend encore, non-seulement des conditions atmosphériques qui ont caractérisé la récolte, mais de l'état de la température dans la journée consacrée à ce travail. S'il fait humide, le grain se détachera mal de l'épi ; le contraire aura lieu si le temps est sec. M. Moll estimait qu'un batteur habile pouvait battre, en douze heures, cinquante gerbes de 11 kilogrammes, soit 550 kilogrammes de paille en grains, rendant 236 litres de grain nettoyé. L'ouvrier était presque toujours rétribué à la tâche.

Dans les pays de l'Ouest, en Bretagne, en Vendée, dans le Poitou, la Saintonge, etc., où la plupart des fermes sont mal pourvues de granges, où le voisinage trop immédiat et la profusion des haies, des broussailles, gîtes ordinaires des petits rongeurs, rendrait la conservation en meules très hasardeuse, l'égrenage des céréales suit toujours de très près leur récolte. Il a lieu en plein air, sur un large emplacement improvisé chaque année, *damé* à l'aide d'un outil spécial et dont la surface est solidifiée par des applications successives de bouse de vache délayée. Dans ces contrées subsiste encore un vestige des anciennes corvées : les cultivateurs ont l'habitude de s'aider mutuellement dans certains travaux; aussi n'est-il pas rare de voir quinze, vingt travailleurs réunis sur la même aire, ce qui permet de mener assez rapidement la besogne pour n'avoir pas trop à redouter les intempéries.

Le fléau des batteurs de l'Ouest est beaucoup plus léger que celui dont ou se sert dans le Centre et dans le Nord. La verge en bois de houx ou de micocoulier est tantôt ronde, mais de la grosseur du pouce seulement, et tantôt large, mais aplatie sur ses deux faces.

Le battage à bras, en plein air, est extrêmement pénible : il n'est pas d'année que l'on n'ait à déplorer la mort de quelques-uns des ouvriers qui l'exécutent. Comme, de plus, sa perfection laissait à désirer, on lui avait déjà substitué, dans beaucoup d'exploitations, l'égrenage à l'aide de rouleaux, soit en bois, soit en pierre.

Quant au Midi, il avait le dépiquage ou dépicage, — l'un et l'autre se disent, — c'est-à-dire l'égrenage au moyen du piétinement des animaux que l'on fait tourner en rond sur les gerbes, procédé plein de couleur biblique, mais par trop entaché de barbarie : ce système, la machine ne tardera guère à le reléguer dans le domaine de la légende avec les autres.

III

Le Froid

Si le froid et le gel qui l'accompagne font la joie de quelques-uns, il s'en faut de beaucoup qu'ils soient accueillis par tous avec cette satisfaction. Unanimement réclamés au nom de l'hygiène animale et végétale, ils ne laissent pas que de faire de nombreux mécontents. Le ciel aurait beau se draper d'azur, le soleil se mettre en frais de ses rayons sinon les plus chauds, du moins les plus éclatants, et les cristallisations de la terre et des eaux répercuter ces feux avec des irradiations de diamants, ils perdraient leur temps et leurs peines, l'admiration qui grelotte reste réfractaire à ces charmes spéciaux de la gelée. Nous avons connu un de ces atrabilaires transis qui ne pouvait pas entendre parler de « beau froid » sans s'écrier avec une ironie rageuse :

— Pourquoi ne pas dire aussi une belle bossue, une belle borgne? Un beau froid devrait être au moins tiède!

Cette horreur des températures basses est

assez fréquente dans le monde des horticulteurs, chez lesquels elle est passablement justifiée. Les arbustes, les végétaux exotiques, tiennent aujourd'hui une telle place dans l'ornementation des jardins et sont si imparfaitement acclimatés qu'une nuit de gelée intense peut aboutir à un désastre. L'hiver de 1879-1880 a fait époque par les destructions qu'il opéra, et il est bien peu soit de jardiniers, soit de propriétaires, qui ne soupirent en se le rappelant.

Nos villageois, au contraire, ne se font pas solliciter pour déclarer que c'est un bon temps, et nous vous avons déjà exposé cet adjectif superlatif qui s'applique indifféremment à la pluie, à la chaleur, comme à la gelée, pourvu que les unes et les autres se présentent à leur heure.

Si désintéressées que doivent être les bêtes des variations du thermomètre, son abaissement n'en a pas moins le privilège de les mettre en liesse. Par les derniers beaux jours, aussitôt que ruminants et solipèdes avaient le nez hors de l'étable et de l'écurie, c'était pour faire assaut de démonstrations joyeuses, chacun y apportant la grâce à lui départie par la nature. L'âne, ce philosophe pratique, est, comme les autres, accessible à la contagion de belle humeur qui est dans l'air. Un jour, un petit baudet avait mis le hameau en ébullition; il avait échappé à son conducteur, et, pendant un quart-d'heure, il trompa la poursuite de la population qui, tout entière, lui donnait la chasse; il parcourait au galop notre rue et ses trois ruelles, en multipliant les ruades et les pétarades, en secouant ses longues oreilles, en se roulant sur la terre gelée aussitôt que, par quelque manœuvre habile, il s'était ménagé un loisir, et en assaisonnant cette pantomime, déjà fort démonstrative, de *hi-han* qui représentaient visiblement l'*Alleluia* de son espèce. Lorsqu'il cédait à une gaieté dont il est si peu coutumier, et non sans cause, obéissait-il tout simplement à l'action du sang, que ce froid faisait courir plus rapide et plus chaud dans ses veines? Remerciait-il à sa manière celui qui nous envoyait cette éclaircie entre tant de jours sombres et maussades? Ou bien, comme ses maîtres, se sentait-il ragaillardi par la perspective d'une moisson plantureuse? Voilà ce que je me demandais; je me suis répondu que, si la dernière supposition était la bonne, il serait vraiment trop généreux le pauvre petit animal; car, pour lui, un surcroît de récolte se traduit toujours par un supplément de besogne et de coups.

Le froid, qu'il soit beau ou vilain, trouve encore des partisans déterminés dans notre jeunesse. A voir la précipitation forcenée avec laquelle elle accourt à la mare gelée aussitôt que la fin de la classe lui a livré la clef des champs, il est permis de supposer que la concurrence de la glissoire n'est pas sans causer quelque préjudice à l'étude. Ils sont là une quarantaine, le mouchoir noué en serre-tête sous la casquette ou le bonnet, les petites mains dans les poches, grelottant un peu sous leurs vestes rapiécées et leurs blouses élimées, mais n'en apportant pas moins d'enthousiasme à faire claquer le gros sabot sur le cristal noirâtre où ils s'ébattent. Avec leurs nez, leurs joues rondelettes marbrés de bleu et de violet, quelques-uns des membres de notre skating-club sont gentils à croquer, et ce ne sont pas toujours les moins déguenillés; la vieillesse ennoblit le haillon, l'enfant l'enjolive.

Je ne veux cependant pas surfaire les succès de nos petits garçons dans l'art de la glissade; sur ce point, ils sont loin d'être à la hauteur de leurs collègues des villes, et particulièrement du Gavroche parisien; l'emportement du jeu ne leur fait jamais oublier la prudence. Avec sa diplomatie cauteleuse, le paysan a gardé quelque autre chose d'un second fruit du servage, la timidité pèureuse. Il s'en affranchit dans l'âge mûr, mais elle s'accuse dans toutes les entreprises de son jeune âge. Et puis, il n'est pas inutile de le dire à une époque où l'on se préoccupe si vivement de régénération sociale, l'éducation rustique néglige les exercices du corps beaucoup plus encore que celle de la bourgeoisie; c'est à ce point que, dans beaucoup de villages riverains de quelque grand cours d'eau, c'est à peine si un dixième des habitants sait nager : le reste mourra comme il a vécu, dans la terreur et l'horreur du liquide élément. Un maire de notre connaissance, affligé des inconvénients hygiéniques de cette hydrophobie au petit pied, imagina d'offrir à ses administrés une course aux canards, le jour de la fête patronale. Un ancien zouave conquit laborieusement, à lui tout seul, la douzaine de palmipèdes dont ce généreux magistrat s'était mis en frais; mais cet accaparement fit des jaloux, et l'année suivante, une vingtaine d'amateurs de canards aux navets se risquaient à lui disputer l'élément fondamental de cette friandise. Cette manière de conquérir des prosélytes à la natation et aux ablutions salutaires n'est pas ruineuse, et elle est pratique.

IV

La Neige

Un matin, au réveil, à travers les vitres chargées de buée, une avalanche de blancs flocons obscurcit encore l'aube crépusculaire; ils tombent ténus comme des poussières, mais si drus, si serrés, que les branches noires du grand marronnier s'effacent dans ce rideau opaque; par intervalles, lorsque quelque lourde nuée aux flancs cuivrés ajoute à l'assombrissement de l'atmosphère, ses flocons s'éclaircissent, se montrent plus clairsemés, mais en augmentant de volume, et voltigent, descendant lentement avant de venir grossir le linceul dont le sol est déjà enveloppé. C'est la neige, la joie des enfants et du laboureur.

Le spectacle n'est pas sans charme pour le campagnard qui le contemple, les pieds aux chenets; dans l'atmosphère tiède d'une bonne chambre égayée par la flamme, par les joyeux crépitements de trois belles bûches; cette chute continue, mais variée de gouttelettes congelées, capricieuses dans leurs formes, tantôt perles minuscules, poussière immaculée, tantôt gros papillons aux formes fantasques, au vol lourd, incertain, semblant n'aborder la terre qu'à regret, attire et captive le regard.

Le laboureur positif se plaît à la voir tomber, parce qu'il la tient pour un engrais qui ajoutera son appoint à la fertilité du champ qu'il a semé, et, hâtons-nous de le dire, c'est une des rares croyances, fondées sur l'observation populaire et séculaire, que les investigations de la science aient complètement justifiées. La neige non seulement contient de l'ammoniaque, comme la pluie, mais elle jouit de la propriété de condenser l'alcali qui se dégage du sol, sur lequel elle repose, et que renferment les couches d'air qui sont en contact immédiat avec elle. D'après les analyses de M. Boussingault, un litre de neige recueilli au moment de sa chute contenait 0 milligr. 58 d'ammoniaque et la même neige, recueillie après trente-six heures passée sur la terre du jardin, 10 milligr. 34.

Il en résulte donc que, plus elle séjourne sur le sol, plus elle augmente sa valeur fertilisante. Elle a d'autres titres à notre reconnaissance : elle constitue, non seulement pour les végétaux délicats du jardin, mais pour les céréales, le plus parfait et le plus sûr des abris contre les gelées. Enfin, les paysans la bénissent encore, parce qu'ils comptent qu'elle les délivrera de « la vermine » dont ils ont si cruellement à se plaindre depuis quelques années ; sur ce point, leurs espérances peuvent être trompées. L'action tutélaire de la neige s'étend des plantes aux menus rongeurs et mêmes aux insectes qui cheminent sous la couverture préservatrice ; peut-être leur régime se ressent-il de cet emprisonnement relatif, mais avec un peu d'entregent ils arrivent toujours à découvrir des racines, des brins d'herbe qui apaisent les tiraillements des entrailles, et, après ce carême, le petit peuple ne s'en porte pas plus mal. En revanche, si cette neige vient à fondre brusquement, si surtout la surface du sol est gelée, l'eau prenant son écoulement par les trous dont la terre est criblée, les inondations locales qui en résultent châtient les prévaricateurs, comme le fit jadis notre Déluge. Malheureusement, s'ils n'ont pas d'arche, il y a toujours des Noé chez les mulots.

Ce rideau qui descend du ciel en vous fermant l'horizon, réjouit plus qu'il ne consterne. Il amuse non seulement les petits enfants, mais les grands : ceux-ci lui savent gré de faire qu'aujourd'hui ne ressemble pas à hier ; ceux-là, en dehors de l'élément nouveau que la neige fournit à leurs jeux, y trouvent l'occasion d'une surprise qui frappe vivement mais agréablement leur imagination, car les comparaisons qu'elle leur inspire se rattachent rarement aux images de deuil que la poésie lui a consacrées.

— Tiens, regarde donc, mère, s'écriait une

petite fille qui, en se levant, voyait la campagne devenue blanche, voilà le jardin qui a mis sa belle robe de mariée !

La neige fournit encore aux enfants les éléments de la statuaire et les munitions de la bataille. Pétrie par leurs menottes rougies et bleuies, elle deviendra le bonhomme auquel, pour si peu que la vocation artistique travaille quelqu'un de la bande, rien ne manquera, ni le nez, ni la moustache relevée en croc et que l'on aura ensuite la satisfaction de démolir à coups de pierre; construire et détruire, n'est-ce pas l'éternel objectif de l'esprit humain ? Les bambins trouveront encore dans cette neige des projectiles pour les batailles par lesquelles, tout petit, l'homme se plaît à préluder aux luttes sanglantes qui l'attendent dans l'avenir.

Tout autre est l'impression quand, la tourmente terminée, sous un ciel grisâtre et pesant, l'œil peut embrasser dans son. ensemble la subite révolution du paysage. Tout est pris, tout est blanc, les maisons, les champs, les bois. Les grands sapins, drapés dans leurs branches éplorées, penchent et s'inclinent sous le faix. Le spectacle est pittoresque, tant que l'on voudra : avant tout, il est lugubre et consternant. Dans cette dernière phase, la neige est bien le linceul des poètes : on suit, on retrouve les formes du cadavre qu'il enveloppe; mais tout ce qui en caractérisait la vie, ces pauvres restes de végétation que l'hiver avait épargnés ont disparu, tous les bruits sont devenus sourds ; et le soleil a beau illuminer le suaire, faire étinceler sa poussière avec mille irisements, on se sent aux prises avec un vague sentiment de tristesse et d'appréhension.

Ce trouble instinctif, en présence de cet évanouissement momentané de la nourricière, il est fortement caractérisé chez tous les êtres indépendants. C'est chez les oiseaux surtout qu'il est facile et curieux à observer.

Si certains qu'ils soient que la main de l'homme ne les abandonnera pas, les oiseaux domestiques eux-mêmes paraissent consternés. Si vaillants sous la pluie, coqs et poules se sont réunis sous l'abri tutélaire d'un gros épicéa, et, oubliant, celles-ci leurs caquetages et leurs glanes, ceux-là leurs ardeurs, ils contemplent avec une morne stupeur la terre qui s'efface et disparaît autour de leur îlot.

Ce sentiment d'épouvante, les petits oiseaux le subissent également.

Chaque année, aux premiers froids, une colonie vient s'installer dans d'épais buissons de houx, à vingt pas de la maison du coureur des bois. Il n'y a rien de tel que le malheur pour faire justice de vaines inégalités sociales : toutes les rivalités d'espèces se sont effacées devant la communauté des misères ; sept à huit variétés sont représentées dans le petit troupeau ailé. La première neige le jette dans un complet désarroi. Le couvert tient bon, les feuilles hérissées ont parfaitement garanti les appartements de leurs locataires : ce sont les vivres qui sont coupés, et les pauvres oisillons paraissent le comprendre. Plus de loisir, plus de temps à donner aux chansons, aux menus soins de la toilette ; ils volent inquiets, effarés, se posant sur la neige, la sillonnant d'un coup de bec, reviennent au buisson pour le quitter plus vite encore et retourner à leur quête, s'abattant par douzaines sur toute place déblayée, les plus osés des pinsons et des petites mésanges jaunes et bleues, celles-ci, les plus affamées peut-être en leur qualité d'insectivores, venant picorer sur les fenêtres : tous invariablement concentrant leur chasse autour des bâtiments, tous insoucieux de la présence de l'homme.

Pourquoi ce revirement subit de l'instinct et de l'expérience qui s'accordent à leur apprendre à nous fuir ? Est-ce dans l'espoir que le malheur commun nous inspirera la clémence ? Est-ce le résultat de ce mouvement qui, dans un désastre, pousse les faibles à chercher la protection des plus forts ? ou tout simplement parce que ventre affamé n'a pas plus d'yeux qu'il n'a d'oreilles ?

Mais, quoiqu'il en soit des causes qui déterminent cette assurance insolite, elle a quelque chose de si touchant qu'il est difficile de renvoyer ces mendiants emplumés le bec vide. La charité ne sera pas ruineuse : un coup de balai et une poignée de grenailles, voilà tout ce qu'elle comporte. Seulement, il ne faudrait pas, comme cela arrive journellement dans les campagnes, profiter de l'empressement avec lequel les pauvres affamés accueilleront vos libéralités pour faire tomber sur eux une lourde porte ou les fusiller à bout portant. Cette chasse à l'aumône est à la fois abominable et niaise. Un rôti de mésanges maigres ! Voyez un peu la bonne aubaine !

De tous les éprouvés du moment, le rouge-gorge est le plus intéressant et surtout le plus intelligent. Sa quête est réfléchie et d'instinct supérieur. Ce forestier des beaux jours se rapproche de l'homme quand les temps d'épreuve sont venus, et s'en rapproche franchement ; abdiquant sa sauvagerie, s'il ne devient pas familier, il ne nous fait pas du moins l'injure de nous craindre ; il va, vient dans les granges, dans les écuries, les étables, comme sous ses couverts ; son sans-façon n'a rien de l'audacieuse effronterie du moineau franc, ce type du mendiant pillard, qui nous « chaufferait » très bien pour s'emparer de notre grain, à l'instar des malandrins de la bande d'Orgères, s'il en avait la force et les moyens. S'il nous aperçoit, le rouge-gorge ne s'enfuira pas comme lui, à la façon d'un voleur pris la main dans le sac ; la confiance avec laquelle il se livre a un caractère de dignité que, chez l'un des nôtres, nous qualifierions de grandeur ; il poursuit sa cueillette, convaincu que nous ne saurions lui en refuser l'aumône ; perché sur les ridelles de la charette, la queue relevée, virant sa tête à droite, à gauche, il fixe ses yeux bruns sur les nôtres, comme s'il sollicitait un encouragement. Il ne te sera pas refusé, pauvre petit souffre-douleur de l'hiver, et ton regard si doucement mélancolique nous fera toujours souhaiter que la pitié qui, dans notre état social, est une des formes de la justice, puisse devenir enfin la loi de ce monde.

V

Au coin du feu

Elle doit être chère aux citadins, cette saison
d'hiver qui, en concentrant les relations sociales, imprime à la vie mondaine un redoublement d'activité. Les fêtes, les bals, les dîners,
les spectacles ont du bon, d'abord pour les gens
qui y figurent, puis pour le commerce qu'ils
alimentent; en revanche, vous aurez beau chercher, il vous sera difficile de découvrir l'agrément gros, moyen ou petit que les mois noirs
peuvent bien nous réserver, à nous autres campagnards. Les pittoresques aspects d'un beau
jeûne peuvent bien fournir matière à une éloquente description; mais, je vous l'assure, quand
il a fallu déblayer péniblement cette neige pour
se frayer un passage permettant de sortir de la
maison, casser la glace pour abreuver les bestiaux et soi-même, les attraits de ces accidents
atmosphériques deviennent absolument néga-
tifs et, à moins que ce n'ait été pour nous
procurer le plaisir de nous réchauffer à la
flamme d'un bon feu, lorsque nous sommes

transis, nous ne voyons pas trop pourquoi l'ordonnateur suprême s'est mis en frais de cette invention des frimas.

Au temps jadis, l'homme des champs se chauffait peu. « Les joyeuses flambées dans l'âtre » sont encore de la légende. Lorsque régnait la haute cheminée, la soupe mijotait dans la marmite de fonte suspendue à la crémaillère, au-dessus de deux ou trois tisons plus prodigues de fumée que de calorique. Quand l'un ou l'autre rentrait, s'il avait froid, assis sur quelque chaise basse, il cassait quelques brindilles de fagot, les jetait sur le feu dont il activait la flamme en faisant monter d'un ton la chansonnette du fricot; il se réchauffait les mains et les pieds et c'était tout; après le repas, pour la veillée, on avait l'étable et sa chaleur également distribuée, offrant encore l'inappréciable avantage de ne rien coûter.

Les travailleurs des champs n'achètent généralement pas de bois, mais cela ne les empêche pas d'en être économes : les haies de leur héritage, la coupe de quelques parcelles de taillis, le produit des « culées » de peuplier qu'on leur abandonne, quand ils entreprennent l'arrachage, le bois mort, ramassé par les femmes, suffisent assez généralement à leur consommation. Nous devons à la vérité de déclarer que cette dernière façon de se procurer les éléments de chauffage est généralement désastreuse pour les bois où elle s'exerce.

Aujourd'hui le progrès, représenté par le
poêle de fonte, a relégué au second plan la cheminée légendaire de nos chaumières; morne et
froide, tant que dure l'hiver, celle-ci ne s'allume
qu'à l'occasion de quelques solennités, la mort
du cochon, la lessive, ou bien quelque repas
d'apparat où doit figurer quelque friandise de
haut vol, telle qu'une oie rôtie. Le paysan a
plus chaud qu'autrefois dans sa demeure, mais
cette modification est-elle favorable à son hygiène? Nous en doutons. Les habitants de nos
villages du Centre ne sont jamais aussi chaudement vêtus que ceux du Nord; l'usage de la
laine sur la peau leur est presque inconnu; le
plus souvent, par les froids les plus rigoureux,
un maigre tricot et une blouse constituent l'ensemble de leurs vêtements. Dans de pareilles
conditions, le passage d'une chambre presque
toujours surchauffée à une atmosphère au-
dessous de zéro doit fatalement provoquer de
nombreuses pleurésies.

Quant à l'éclairage, il a fait, lui aussi, des
progrès dans la campagne, bien que nous n'en
soyons pas encore à l'électricité.

L'*oribus*, cette petite chandelle de résine qui
grésillait en brûlant, et que l'on fichait sur un
morceau de fer dans la haute cheminée, a to-
talement disparu; elle n'est pas à regretter,
bien qu'à défaut de clarté elle eût certainement
du pittoresque. La chandelle, la bougie même,
plus souvent la lampe à pétrole, l'ont remplacé

dans les plus humbles chaumières, et leur lumière, peu proportionnée avec l'espace qu'elles ont à faire sortir de l'ombre, a toujours quelque chose de funèbre.

Le caractère de ces illuminations domestiques s'accuse très nettement, lorsque le soir, descendant des bois dans la vallée dont les arbres et les maisons s'estompent sur un brouillard bleuâtre, on voit ces étroites fenêtres s'éclairer les unes après les autres; c'est à peine le scintillement, par une belle nuit d'été, du ver luisant perdu dans l'herbe. En les voyant si pâles et si ternes, tamisées qu'elles sont par les vitres poussiéreuses, on est tenté de les prendre, ces clartés, pour la lueur du cierge de quelque veillée mortuaire. On n'a du reste qu'à pousser la première porte venue pour que cette sombre illusion s'évanouisse. Dans ces demiténèbres, une famille de braves travailleurs s'escrime de la cuillère ou du couteau avec un entrain démontrant qu'il n'est pas besoin de lustres et de candélabres pour aiguiser l'appétit.

VI

Promenade nocturne

La promenade nocturne est un privilège de l'été ; nous reconnaissons que c'est surtout par une belle nuit du mois de juin que la traversée des grands bois accuse tout son charme, lorsque les rayons argentés de la lune, descendant en cascades sur les étages de la feuillée, tracent sur le sentier que vous suivez leurs capricieuses arabesques d'ombre et de lumière ; lorsque la fraîcheur du soir communique une suavité pénétrante aux douces senteurs des frondaisons et que la voix vibrante du rossignol vous accompagne. Cependant, si vos poumons ne redoutent point l'âpreté de la bise d'hiver, si vos jarrets sont assez solides pour disputer, sans fatigue, vos bottes à l'étreinte tenace du tapis de ouate dans lequel vous allez entrer, ne laissez pas échapper l'occasion de traverser de nuit la plaine couverte de neige. Le spectacle ne ressemble pas du tout à celui dont nous venons d'ébaucher l'esquisse ; ce serait plutôt quelque chose comme cette « sublime horreur » par laquelle Proudhon définissait la canonnade; mais son étrangeté n'est pas sans attrait, il laisse derrière lui une impression vivace.

Il faut quitter le sentier frayé. Il en est un peu de la neige comme du cœur de la femme; à peine souillée, elle devient tout de suite de la fange, et vous n'êtes pas venu pour y patauger. Franchissez donc le fossé, escaladez son talus et lancez-vous à travers champs; vous vous sentirez bientôt aux prises avec une sensation que vous aurez quelque peine à définir. Ce n'est certainement pas de la frayeur, mais cela dépasse de beaucoup l'étonnement : c'est le sentiment de la solitude qui vous envahit en écrasant votre faiblesse.

Celle-là a quelque chose d'implacable qui saisit tous vos sens à la fois. Un chaos de nuages court sur un ciel d'un noir d'encre, mais la réverbération du tapis projette jusqu'à une certaine hauteur une lueur douteuse; la lumière monte au lieu de descendre; ce n'est plus le ciel, c'est la terre qui éclaire. Dans ce crépuscule blafard, en raison de la continuité de la nappe blanche et de l'éblouissement qu'elle vous cause, l'horizon vous semble resserré, même sur le plateau. Tout vestige du travail humain a disparu, les accidents que la nature y avait dessinés se sont eux-mêmes effacés; ce terrain, dont le moindre détail vous était familier, vous ne le retrouvez plus, vous avancez dans l'inconnu, un Sahara glacé.

Autour de vous un silence de mort, nul autre bruit que les craquements de la croûte durcie, broyée par chacun de vos pas. La gamme des couleurs est sinon éteinte, du moins réduite à deux, le blanc et le noir. Dans cet étrange demi-jour, le gris lui-même n'existe pas. Ce trait sombre qui raye le lointain entre deux lignes blanches, c'est un bois dont les cimes sont envahies comme le pied ; les buissons, les arbres que vous rencontrez affectent, sous leurs aigrettes neigeuses, des formes toujours bizarres, quelquefois fantastiques, excitant en vous des mouvements de surprise que vous êtes impuissant à réprimer. En pareille situation, si certains que nous fussions du dénouement de l'excursion, dans ces tête-à-tête nocturnes avec ce nivellement et cet effacement de tout ce que nous aimons, nous vous avouerons que nous n'avons jamais échappé complètement à l'angoisse qui s'empare des animaux sauvages lorsque la neige s'interpose entre leur faim et la nourricière.

Et maintenant, pour vous épargner de désagréables surprises et vous soustraire à quelques minutes d'une anxiété dont nous avons connu les étreintes, nous croyons devoir vous prévenir que, dans la nuit, sur ce blanc repoussoir, les animaux vous apparaîtront avec des proportions qui ne sont pas les leurs. Dans ces conditions, non-seulement il n'est plus de petits loups, mais votre imagination risquera fort d'accepter un honnête lièvre quêtant quelques tiges de seigle à déterrer, pour un carnassier *quærens quem devoret*. N'en rougissez pas, cela nous était arrivé avant vous.

VII

Chasse et pêche

Nous avons, par ce mois de neige, un conseil à donner à ceux qui s'intéressent à la conservation du poil et de la plume, celui d'essayer, par tous les moyens dont ils disposent, de préserver ce qui nous reste de gibier de la complète destruction qui le menace. Ils doivent faire balayer la neige dans un guéret autant que possible à l'abri du vent, toujours éloigné d'une haie, d'un buisson, d'une éminence dont un maraudeur puisse se couvrir pour fusiller les oiseaux affamés, et y faire répandre tous les deux jours au moins des criblures de blé, du sarrasin à l'intention des perdrix et des faisans. Quelques bottes de trèfle et de luzerne, distribuées dans les bois aux basses fourches des cépées, serviront d'aliments aux lièvres et aux lapins, et votre acte charitable aura sa récompense; ces distributions diminueront les dommages que, dans de semblables circonstances, ces rongeurs causent toujours aux jeunes écorces. Maintenant, comme nous tenons beaucoup à ce que vous ne puissiez pas nous reprocher d'avoir abusé de votre confiance, nous vous préviendrons qu'il n'y a rien d'impossible à ce que votre bonne volonté et vos grenailles se dépensent en pure perte. Lorsqu'il a neigé, tous les jours, dans nos promenades, nous ramassons des oisillons qui ont succombé aux rigueurs atmosphériques ; nous avons tenu dans nos mains deux perdrix congelées et dont la mort était visiblement due à la même cause. Ces oiseaux se défendent moins que les quadrupèdes ; tandis que les lièvres s'enfouissent sous la neige, la perdrix, qui gîte à sa surface, reste exposée à toutes les inclémences de ces terribles nuits. Le froid et la faim, c'était déjà beaucoup ; avec le braconnage pour appoint, il n'y a guère à espérer leur survie.

A notre humble avis, l'administration devrait fermer la chasse en décembre, toutes les fois qu'il est devenu probable que les neiges vont séjourner longtemps sur la terre. La chasse est alors interdite, soit ; mais il reste à connaître le degré de respect qu'obtiennent les presciptions légales. Or, chacun sait que cette interdiction ne profite qu'au braconnage, dont les déprédations se livrent surtout carrière pendant la période neigeuse. La suspension du droit de chasse en temps de neige reste une simple chimère si la prohibition de la vente et du colportage du gibier n'en est pas le corollaire ; il est impossible qu'il en soit autrement, car cette prohibition est l'unique moyen de répression dont vous disposiez.

Pouvez-vous raisonnablement espérer que vos agents, gendarmes et gardes-champêtres, se hasardent, à l'heure qu'il est, hors des sentiers frayés et pataugent dans la neige jusqu'au-dessus du genou pour pousser des reconnaissances? Si vous le croyez possible, c'est que jamais vous n'avez franchi un kilomètre dans ces conditions. Remarquez qu'ils ont encore perdu les bénéfices des détonations qui leur signalaient les délits; avec 40 centimètres de neige, il n'y a plus que les naïfs qui se servent du fusil; les lièvres, les lapins sont *tués au pied*, c'est-à-dire assommés d'un coup de bâton, enveloppés par un épervier dans la caverne où ils s'abritent. Quant aux perdrix, on observe le champs où elles passent la nuit rassemblées, et d'un coup de traîneau on rafle toute la compagnie. De tels actes seraient réprimés si l'autorité avait conservé le droit de saisie chez le coquetier du village où se concentrent les victimes; ils seraient, en grande partie, prévenus par la prohibition du colportage qui enlèverait à ce braconnage meurtrier l'appât du lucre qui le stimule.

Nous croyons que la nécessité de sauvegarder les tristes débris de nos populations giboyeuses devrait l'emporter sur toute autre considération. Les besoins de l'alimentation parisienne nous touchent infiniment peu; s'il s'agissait de celle des classes laborieuses ou nécessiteuses, à la bonne heure, nous n'hésiterions pas à reconnaître qu'il n'y a pas à marchander les sacrifices; mais l'infortune des jolis soupeurs sevrés de perdreaux truffés quelques semaines plus tôt que d'ordinaire nous laisse froid; immoler à la satisfaction de ces messieurs et de ces dames les plaisirs futurs de cinq à six cent mille braves gens et risquer, pour leur complaire, de devenir, d'un an à l'autre, les tributaires de l'Allemagne pour le gibier, cela peut passer pour un marché de dupe.

En décembre, les bandes triangulaires des canards se montrent en nombre, et, les eaux intérieures étant cristallisées, les amateurs de sauvagine doivent faire leurs affaires sur les fleuves et sur les rivières. Quand je vois passer ces vols aériens, je suis toujours émerveillé du succès de la scission que nous avons réussi à opérer dans une espèce dont les deux fractions continuent de vivre côte à côte, conservant l'identité du plumage, des mœurs, des habitudes, celle de l'indépendance exceptée, sans que celle de ces fractions, que nous avons asservie, cède jamais à la contagion de l'amour de la liberté.

Chez l'animal, chez l'oiseau exotique, l'acclimatation développe évidemment un instinct nouveau. Arraché à sa terre natale, exposé à des rigueurs atmosphériques contre lesquelles a nature ne l'avait pas défendu, sevré de ses aliments ordinaires, il pressent que, dans cette condition factice, l'esclavage devient une des lois de sa conservation. Rien d'analogue dans la domestication de l'oiseau indigène, point de ces exigences qui assurent fatalement l'assujettissement; il vit dans les milieux de son espèce; la voix de ses frères les indomptés vient le chercher jusque sous le toit qui abrite sa servitude, provoquer ses regrets, ou stimuler ses appétits d'espace; un coup d'aile suffirait à l'affranchir et il reste. De la fange où il barbote, le canard, cet associé presque volontaire du maître de la création, dédaigne les voûtes étoilées, les grandes nappes murmurantes et leurs cadres de joncs verdoyants.

VIII

Noël aux champs. — Conte de Noël

La foi a beau s'attiédir, la popularité de la messe de minuit ne diminue point. Il ne faudrait pas faire aux perspectives d'un joyeux réveillon les honneurs de cette persévérance dans la tradition. Ce banquet nocturne et supplémentaire coûte trop cher pour recruter beaucoup d'amateurs chez des paysans économes ; de plus, il ferait double emploi ; son élément fondamental, la charcuterie, a déjà été célébré dans une solennité appelée « la fête à boudin », festin qui couronne le sacrifice du cochon de la famille et dans lequel la victime figure sous toutes les formes et toutes les espèces.

Les fins d'année sont joyeuses aux champs comme à la ville : singulière idée que celle de se réjouir de la constatation officielle de ce pas en avant qui vous rapproche de la tombe ! Il vient un âge où la seule impression qu'elle produise se résume dans la tentation d'arborer un crêpe à son chapeau ; mais le troupeau a l'habitude de cette porte, il faut qu'il y passe,

et l'on n'a, en vérité, rien de mieux à faire que
de sauter avec lui en déguisant sa grimace
sous un sourire de jubilation. Cependant une
inspiration rationnelle se retrouve dans ces
réjouissances du jour de l'an, celle qui en a
fait la fête des enfants, des maîtres de l'avenir,
des êtres heureux qui ont le droit de dépenser
sans compter, d'accuser de lenteur ce temps,
auquel nous autres nous voudrions si bien
rogner les ailes.

Dans le Centre, la solennité se double; elle a
son prélude le 25 décembre, pour recommencer
le 1ᵉʳ janvier, et les héros de la journée sont
loin de s'en plaindre; *bis repetita placent*, dit le
le latin. Dans le Nord et dans l'Est, pays d'économie scrupuleuse, on se montre moins libéral,
et, généralement, les parents s'en tiennent à la
première des deux représentations; il est juste
d'ajouter que la coutume est plus universellement pratiquée; si humblement que s'élève la
cheminée au-dessus du toit rongé de mousse,
le Bonhomme à la barbe poudrée de frimas ne
dédaigne jamais d'y descendre pour visiter les
sabots que ses petits clients ont soigneusement
alignés devant l'âtre.

Peut-être a-t-on quelque peu abusé des contes
de Noël; mais ce ne sera pas en grossir le réper-
toire que de vous dire une historiette dont cette
solennité fut le point de départ et qui n'a d'autre
mérite que d'être vraie. Elle démontre d'ailleurs,
ce qui n'est pas inutile, que les légendes les plus

parfumées de poésie, sont quelquefois malsaines quand c'est à des imaginations simples et crédules qu'elles s'adressent.

Une de ces légendes, très répandue dans l'Ouest comme dans le Nord, raconte que, dans la nuit de Noël, si l'on ouvre la porte de l'étable au moment où l'horloge du clocher sonne les douze coups de minuit, on voit la crèche rayonnante de clartés et les bestiaux agenouillés, saluant dans cette attitude l'heure où Jésus fit son entrée dans ce monde. Cependant, assez retorse dans son apparente naïveté, ladite légende a pris soin de prévenir les amateurs que celui qui cède à la tentation de jouir de ce spectacle meurt toujours dans l'année, et l'auteur appréciait si exactement la faiblesse d'esprit de ceux auxquels il s'adressait, qu'à l'heure où nous sommes, en plein dix-neuvième siècle, il est encore beaucoup de paysans qui, pour un gros sac d'argent, ne se soumettraient pas à l'expérience.

Une femme la risqua; c'était celle d'un forestier nommé Gernay qui habitait une maison isolée d'une commune de l'Ardenne belge : deux bonnes et honnêtes créatures, lui laborieux, probe jusqu'au scrupule, elle douce, aimante, par conséquent heureuse de son sort. Ils avaient un unique enfant, un petit garçon qui avait alors cinq ans ; aux approches de Noël, on avait tué un cochon dans le modeste ménage et réservé le boudin, la friandise des paysans ardennais, pour la fête. Il était tombé beaucoup de neige pendant la journée, et comme la distance de la maisonnette à l'église était grande, Gernay partit seul pour la messe de minuit, en compagnie de son frère qui devait souper avec eux. La femme et le petit garçon, que les attrayantes perspectives du boudin avaient tenu éveillé, les regardèrent s'éloigner du seuil de la porte. Les deux ombres venaient de s'effacer dans le miroitement du blanc tapis, lorsque la cloche du village jeta dans ce grand silence son premier tintement, et la Gernay tressaillit.

Il y avait des années que la curiosité de la pauvre fille d'Eve luttait contre les redoutables éventualités qu'il fallait encourir pour la satisfaire; bien souvent, en pareille circonstance, elle avait soupiré en jetant un regard furtif sur la porte derrière laquelle se renouvelait la scène dont l'étable de Bethléem avait été le théâtre il y a dix-huit cents ans. Cette fois, probablement fortifiée par la joyeuse soirée qu'elle se promettait, elle y céda. Elle franchit les trois pas qui la séparaient du loquet tentateur; l'airain vibrait encore, qu'elle l'avait fait jouer et que, toute palpitante, elle jetait un regard anxieux dans l'intérieur, tandis que le petit garçon, déjà au courant de la tradition et plein d'effroi, enfouissait son visage dans les jupes de sa mère.

Au lieu du merveilleux spectacle qu'elle attendait, celle-ci n'avait vu que ténèbres ; au faible rayonnement de la neige les silhouettes des deux vaches se dessinaient à peine sur l'ombre, toutes deux ruminaient paisiblement ; mais, l'un de ces animaux s'étant mis à mugir, les les terreurs de la Gernay se réveillèrent subitement; prise d'épouvante, elle s'enfuit en serrant contre elle son enfant. Lorsque son mari et son beau-frère furent rentrés et que la famille fut à table, elle leur raconta ce qui s'était passé. Le beau-frère fronça les sourcils, le mari ne lui adressa pas un reproche, mais il resta rêveur, et cette désapprobation muette fit courir un frisson sur le corps de la pauvre femme.

Cette impression était depuis longtemps oubliée, lorsqu'un soir du mois de mai suivant, on rapporta le corps inanimé du petit garçon à la chaumière. Le malheureux enfant avait glissé d'un rocher où il s'était hasardé pour cueillir des fraises et, tombé d'une hauteur d'une vingtaine de mètres, il s'était tué sur le coup. Un désespoir de mère, on ne l'oublie jamais, quand on en a été le témoin. Mais cette suprême expression de la douleur humaine, il faut renoncer à la décrire. Celui-là fut non seulement violent, mais tenace ; des semaines s'écoulèrent : la Gernay, non seulement ne cessait pas de pleurer, mais elle avait des crises dans lesquelles elle se roulait à terre, s'arrachant les cheveux, appelant son enfant avec des cris déchirants, s'accusant d'avoir été la cause de sa mort par sa curiosité sacrilège !

Effrayé, le pauvre garde fit venir un médecin de Spa. Celui-ci essaya de calmer cette imagination délirante ; après avoir inutilement essayé de lui faire comprendre l'absurdité, la puérilité de la légende, il lui représenta combien il était odieux de supposer qu'un Dieu juste pût punir, sur un innocent, une faute dont il n'aurait pas même eu le sentiment ; rien n'y fit ; seulement, affectée par le chagrin qu'elle causait à son mari, elle concentra en elle-même ce qu'il faut bien appeler ses remords, rumina sa douleur, cacha ses pleurs ; sa santé ne s'en trouva pas mieux ; elle alla s'affaiblissant de plus en plus, dévorée par la consomption ; elle dut s'aliter. Elle avait caché sous son oreiller un petit paquet composé des derniers vêtements de l'enfant mort. Lorsqu'elle était seule, elle prenait ces pauvres reliques pour les couvrir d'autant de larmes que de baisers, toujours en proie aux mêmes transports désespérés. Cette lente agonie se prolongea jusqu'au 25 décembre.

Après une journée très agitée, la malheureuse femme fut prise vers le soir d'un violent accès de fièvre. Dans l'égarement de son cerveau, elle croyait ouvrir la porte de l'étable ; elle la retrouvait, non pas telle que la réalité la lui avait montrée, mais éblouissante de lumière, et, de ses mains croisées, elle essayait de dérober cette illusion imaginaire au petit paquet de vêtements qu'elle serrait sur sa poitrine avec ses doigts crispés, et dans lequel, certainement, elle croyait avoir retrouvé son enfant. Comme minuit sonnait, elle rendit l'âme.

Évidemment après ce funèbre dénouement, conséquence de la combinaison d'un hasard avec une imagination fortement frappée, on eût été mal venu à assurer aux paysans du village ardennais que l'on peut aussi impunément regarder dans l'étable dans la nuit de Noël que les jours suivants. Cela n'en prouvera que davantage combien les superstitions ont peu de droit à figurer parmi ces choses dont on dit vulgairement : « Si cela ne fait pas de bien, cela ne saurait faire de mal ! » Elles en peuvent faire, et de toutes les façons, et ce n'est point du temps perdu que celui que l'on consacre à les combattre.

FIN

TABLE DES MATIÈRES

AVRIL

MAI

JUIN

JUILLET

AOUT

SEPTEMBRE

OCTOBRE

FIN DE LA TABLE DES MATIÈRES

Paris. — Imprimerie G. PARISET, 101, rue de Richelieu.

G. DE CHERVILLE

LES MOIS
AUX CHAMPS

PRÉFACE DE M. JULES CLARETIE

PARIS
Librairie du Temps
5, BOULEVARD DES ITALIENS, 5
1886

PARIS. — IMPRIMERIE C. PARISET, 101, RUE DE RICHELIEU. — 1212